2

3

4

Compter. Effectuer des groupements.
Lire des nombres.

5

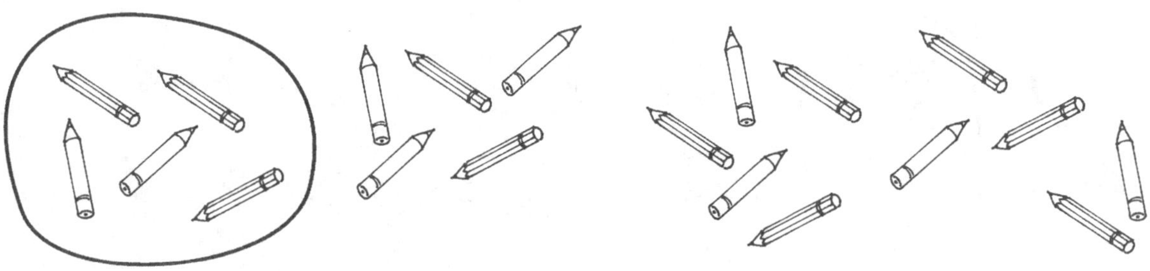

6

7

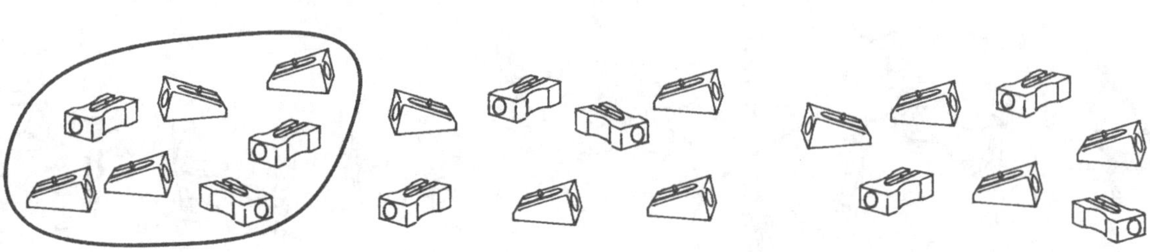

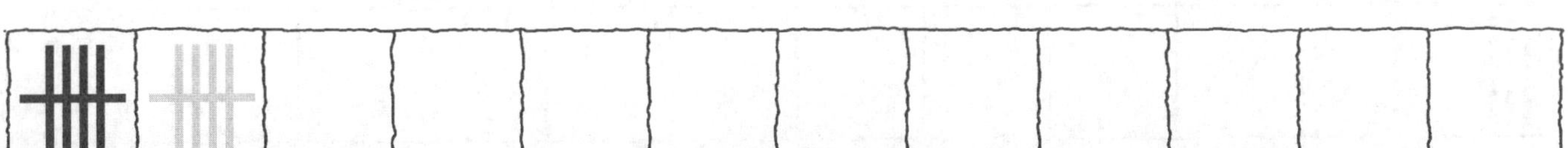

Compter. Effectuer des groupements.
Lire des nombres.

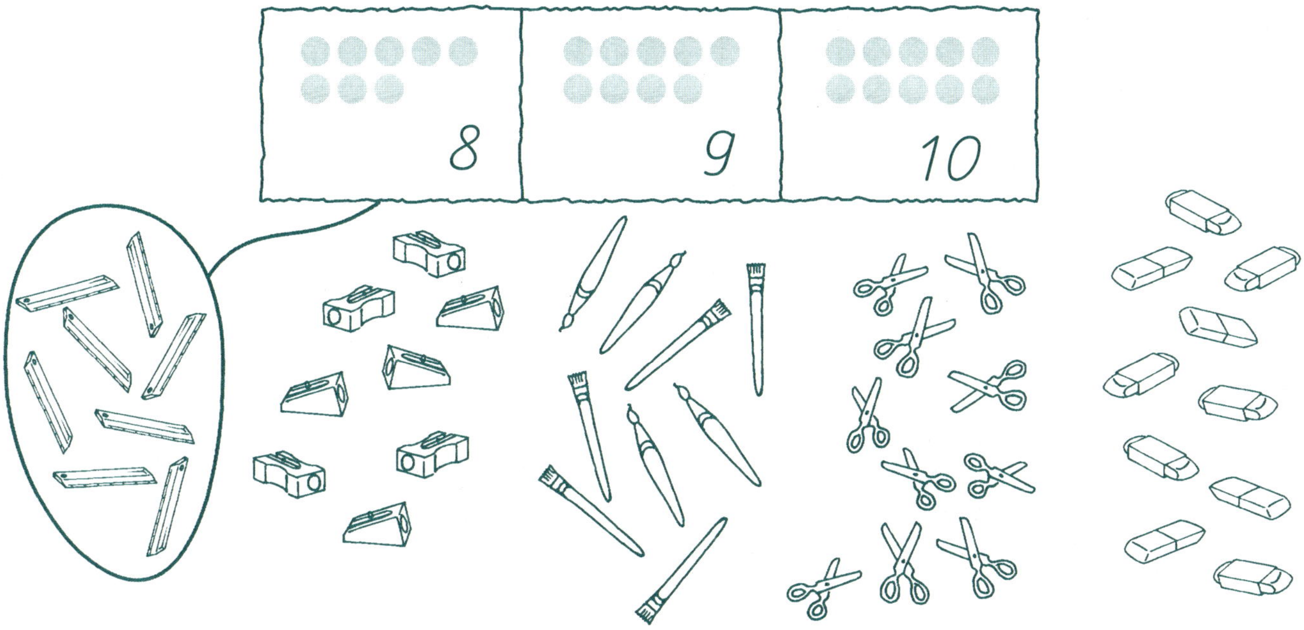

8

9

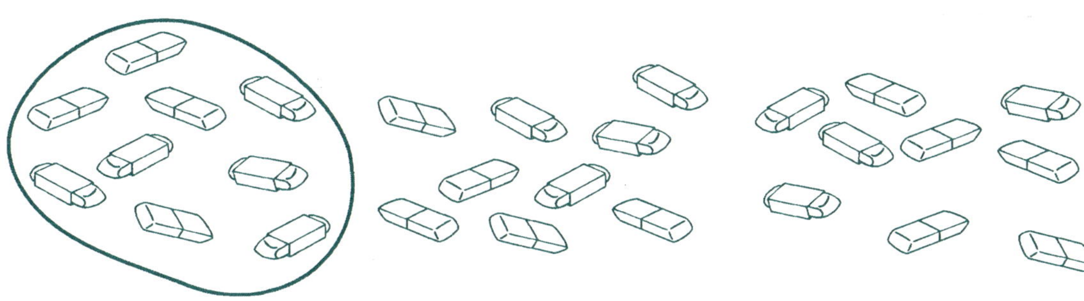

10

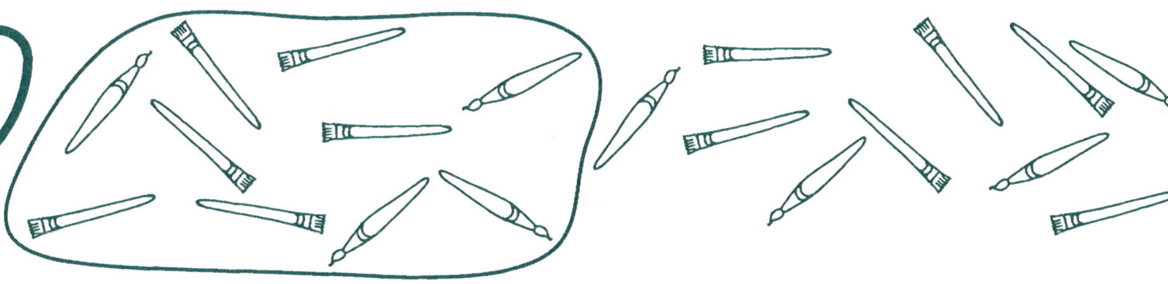

Compter. Effectuer des groupements.
Lire des nombres.

1

2

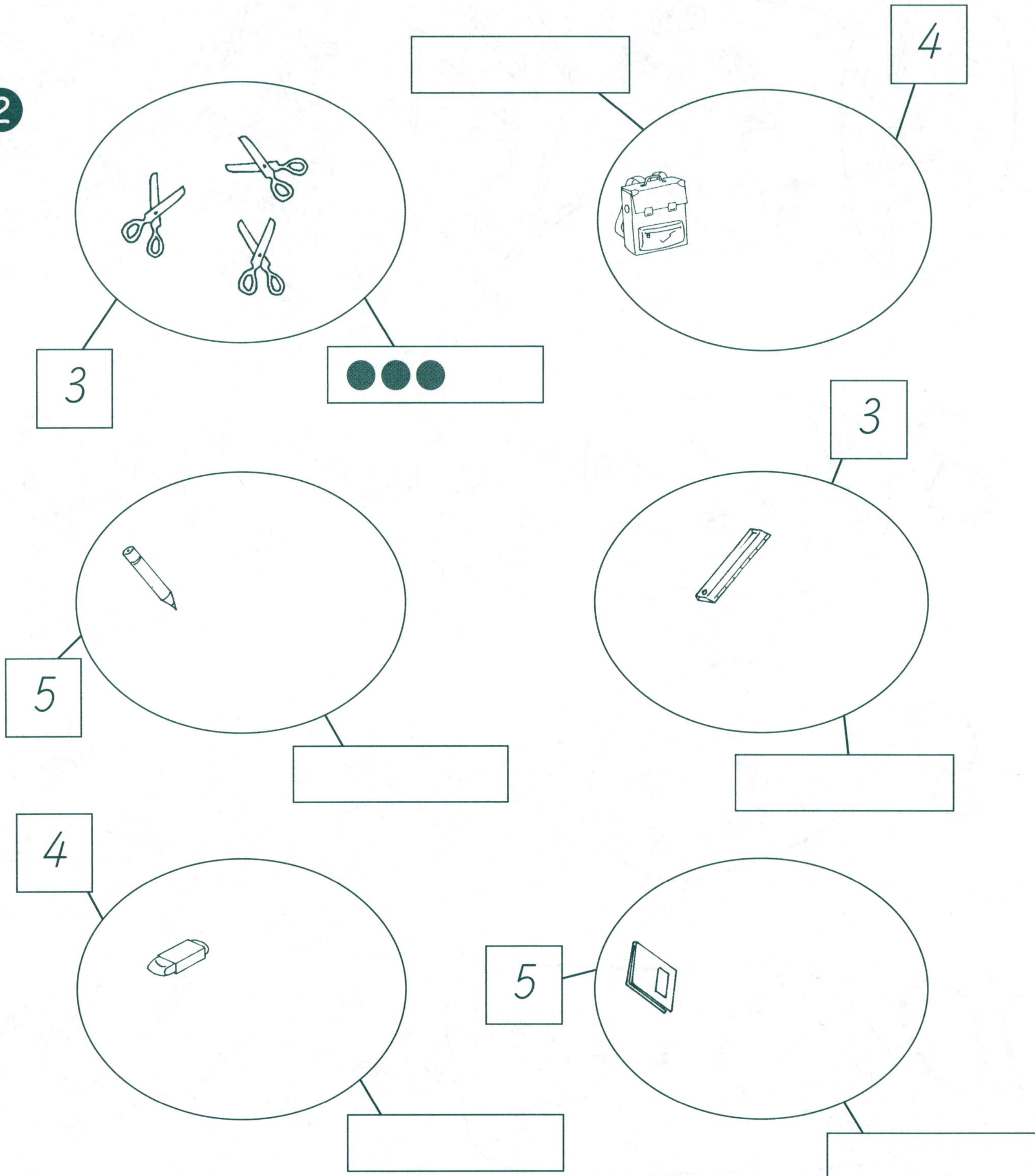

3 Qu'y a-t-il le plus ? Des cartables ou des crayons ? .... Vérifie.

1 Colorier les jetons en rouge.
2 Dessiner les objets et les jetons.

1

2

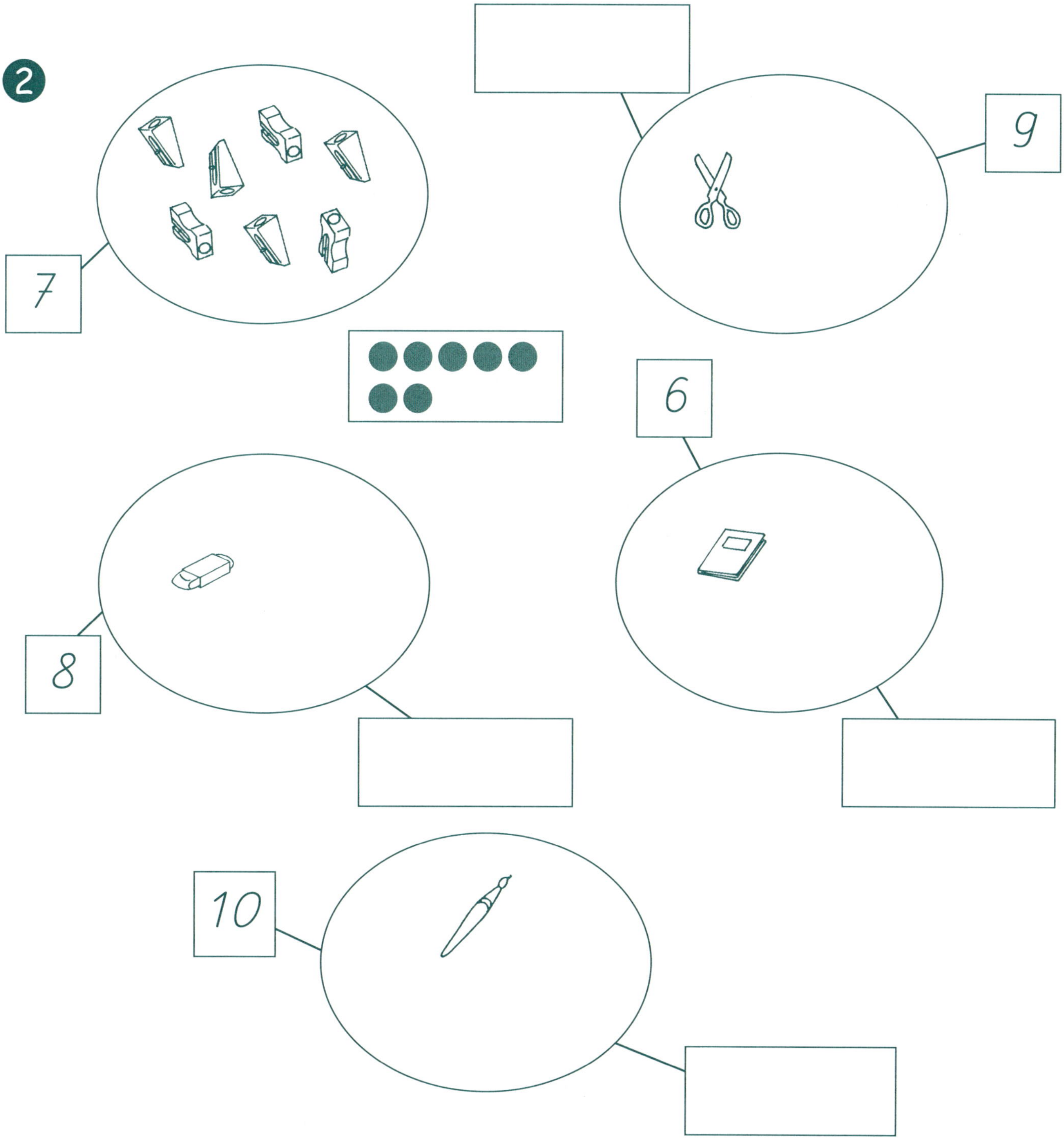

3 Qu'y a-t-il le plus ? Des gommes ou des ciseaux ? .... Vérifie.

1 Colorier les jetons en rouge.
2 Dessiner les objets et les jetons.

(1) (2) (3) (4) (5)

<table>
<tr><td></td><td></td><td>|||</td><td>3</td></tr>
<tr><td></td><td></td><td></td><td>4</td></tr>
<tr><td></td><td></td><td></td><td>2</td></tr>
<tr><td></td><td></td><td></td><td>5</td></tr>
<tr><td></td><td></td><td></td><td>1</td></tr>
</table>

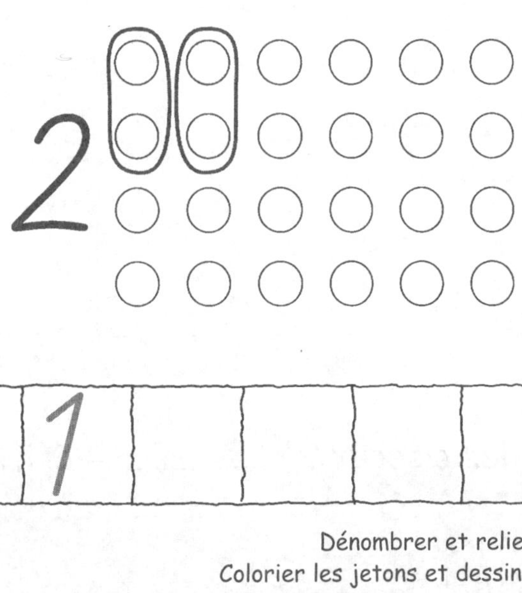

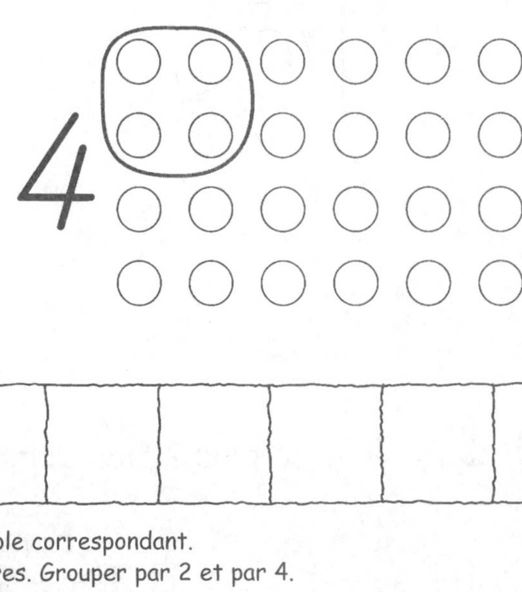

1	1										

Dénombrer et relier au symbole correspondant.
Colorier les jetons et dessiner les barres. Grouper par 2 et par 4.

6 7 8 9 10

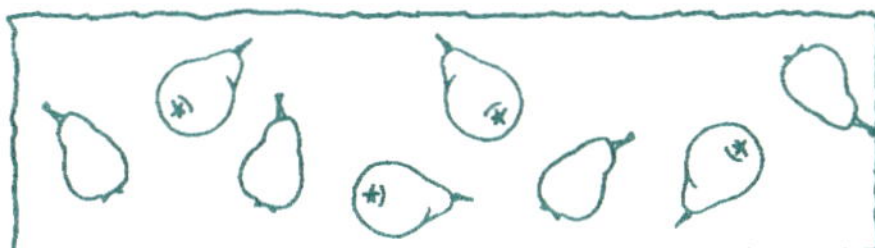	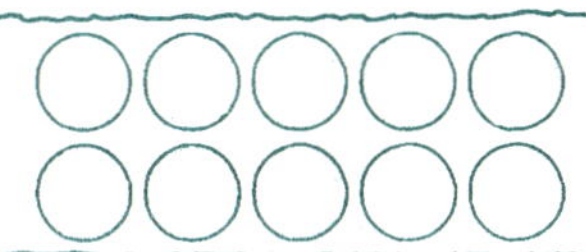		8
	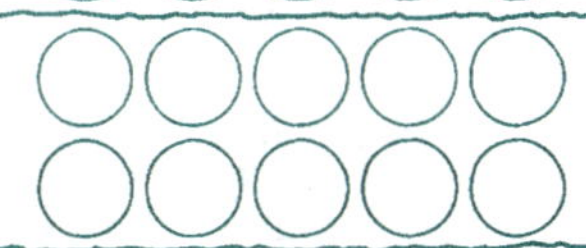		10
	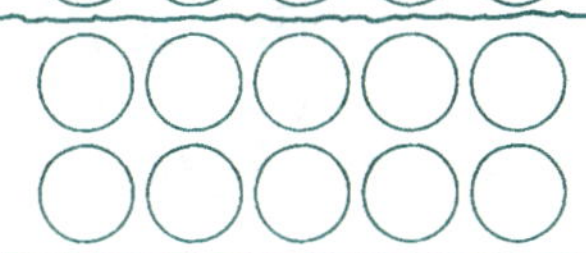		9
			6
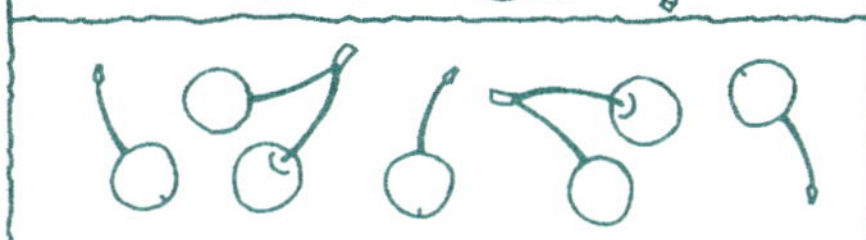			7

5 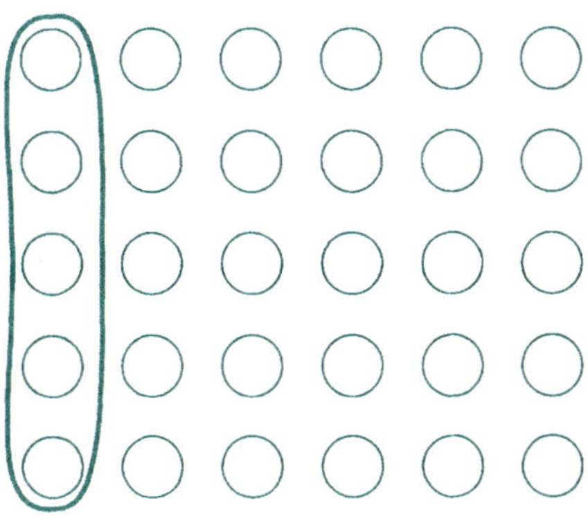

10 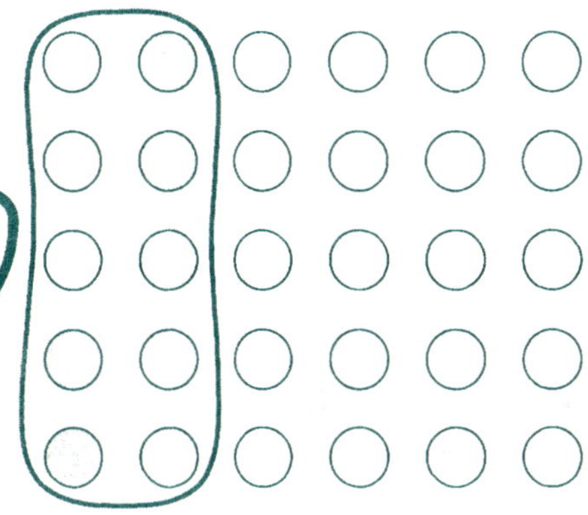

2	2										

Dénombrer, grouper et relier au symbole correspondant.
Colorier les jetons et dessiner les barres. Grouper par 5 et par 10.

1 Dessine chaque fois une corde à nœuds.

2 Combien de blocs ? Dessine des cordes à nœuds. Plusieurs possibilités.

1, 2 Représenter des quantités à l'aide de cordes à nœuds.

Découpe et colle des images d'objets.

Rechercher une quantité correspondant aux listes de traits.

Manuel page 9

Toujours 10

1 0 1 0

Dessiner 5 objets d'une même couleur. Ensuite entoure 10 objets et colorie.

1 Ma production de 10 carrés.

2 La production de mon voisin.

1 Dessiner, dans chaque quadrillage, une forme de 10 carrés.
2 Dessiner, sous dictée, la production d'un autre élève.

1 Dessine

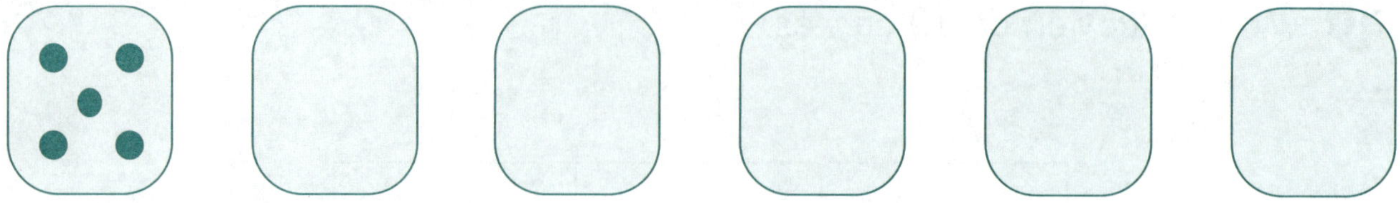

5 6 2 1 4 3

2 Complète le jeu.

1 Dessiner les faces du dé correspondant aux nombres.
2 Compléter la suite des nombres.

Dessine et colorie des constellations.

Toujours 3

Toujours 4

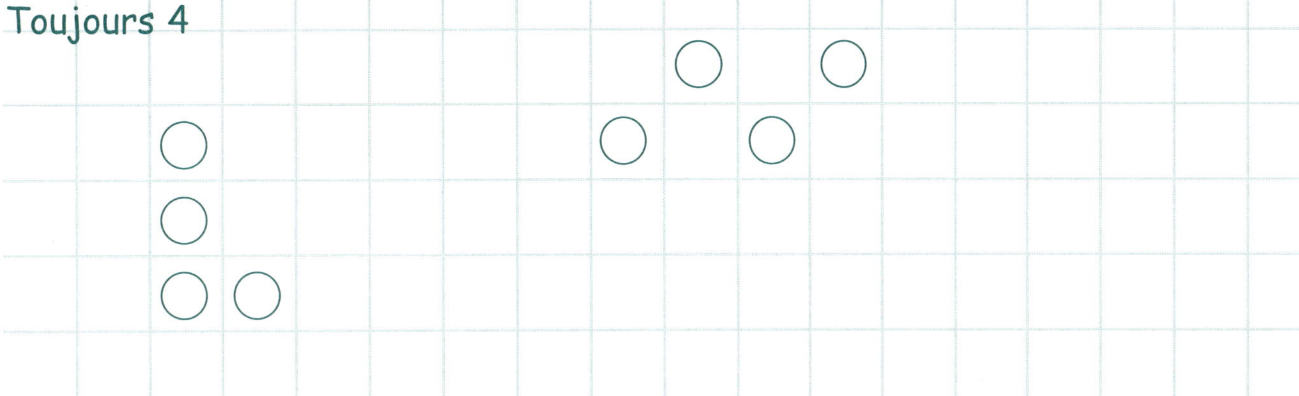

Toujours 5

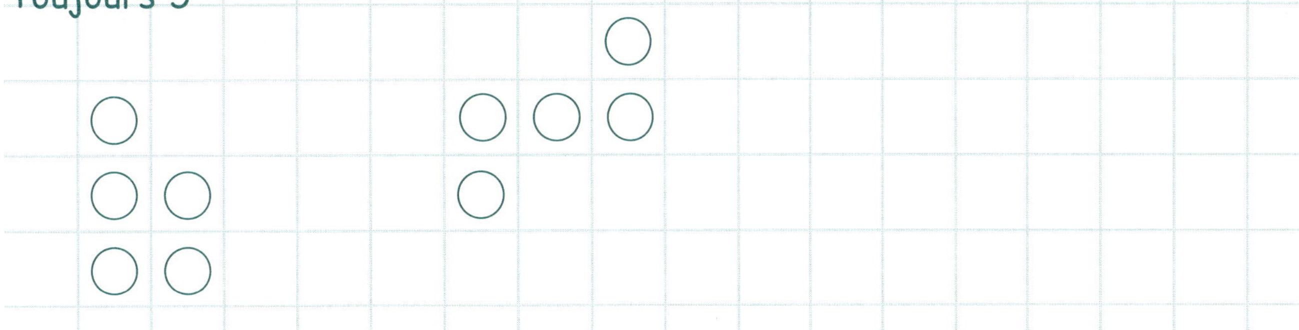

3

4

5

1 Dessine des constellations. Toujours 6.

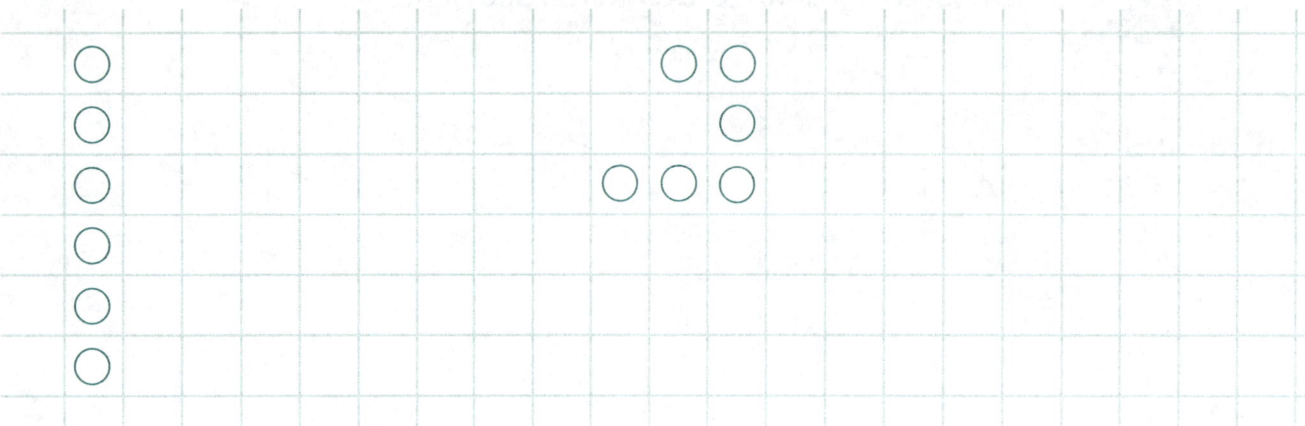

2 Combien de ronds ? Complète.

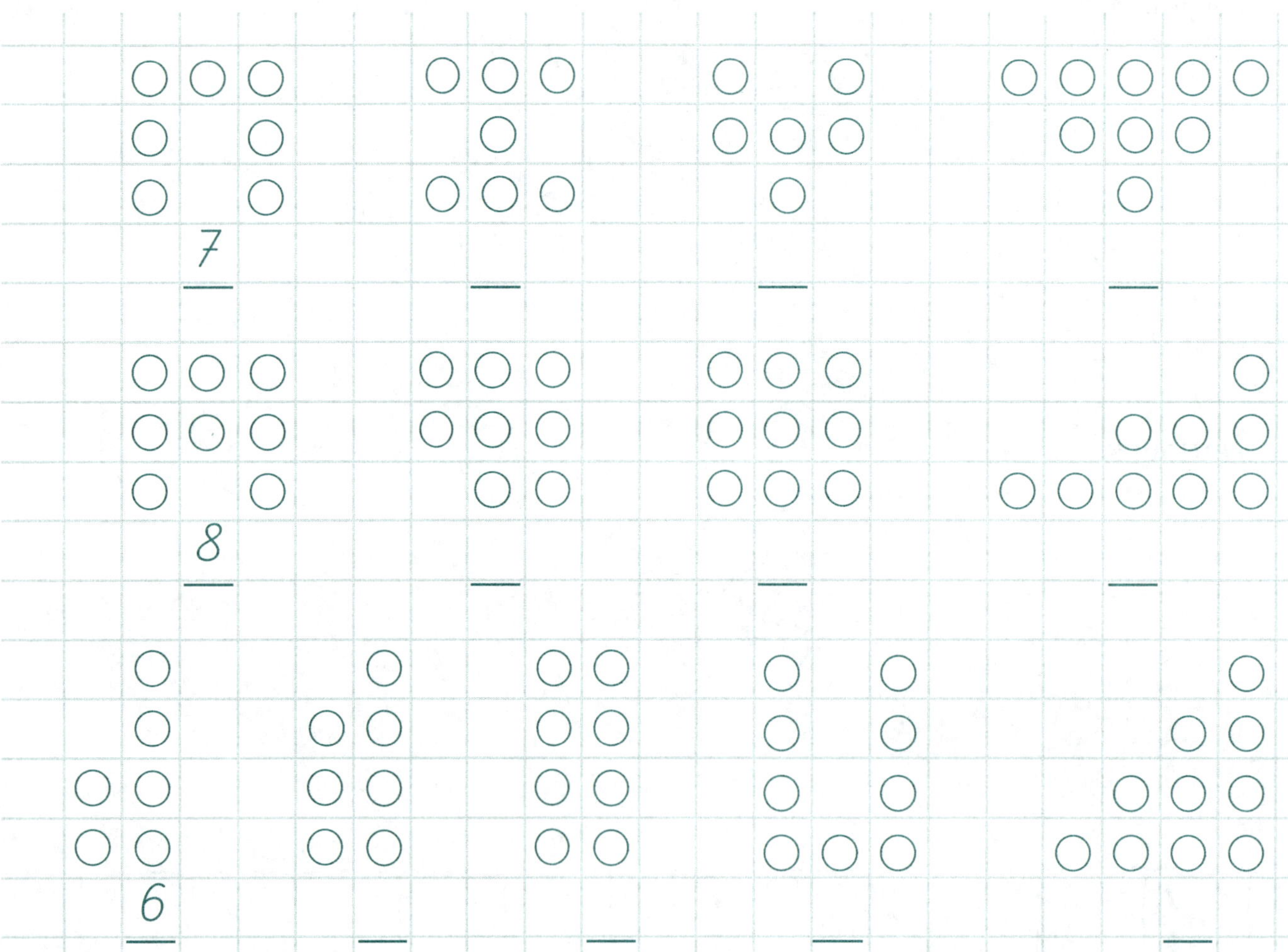

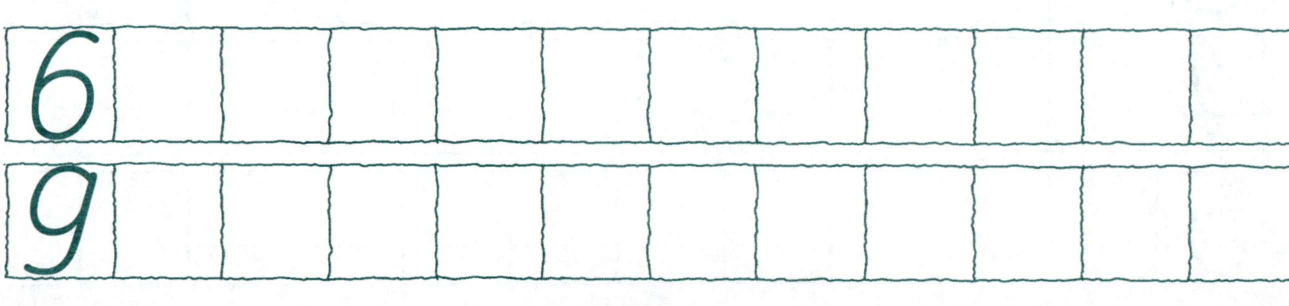

1 Dessiner des constellations.
2 Dénombrer.

Avec 

1

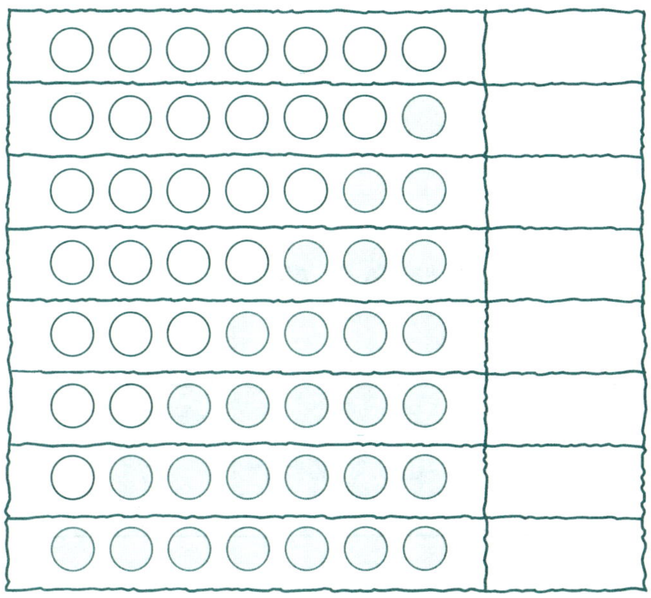

2

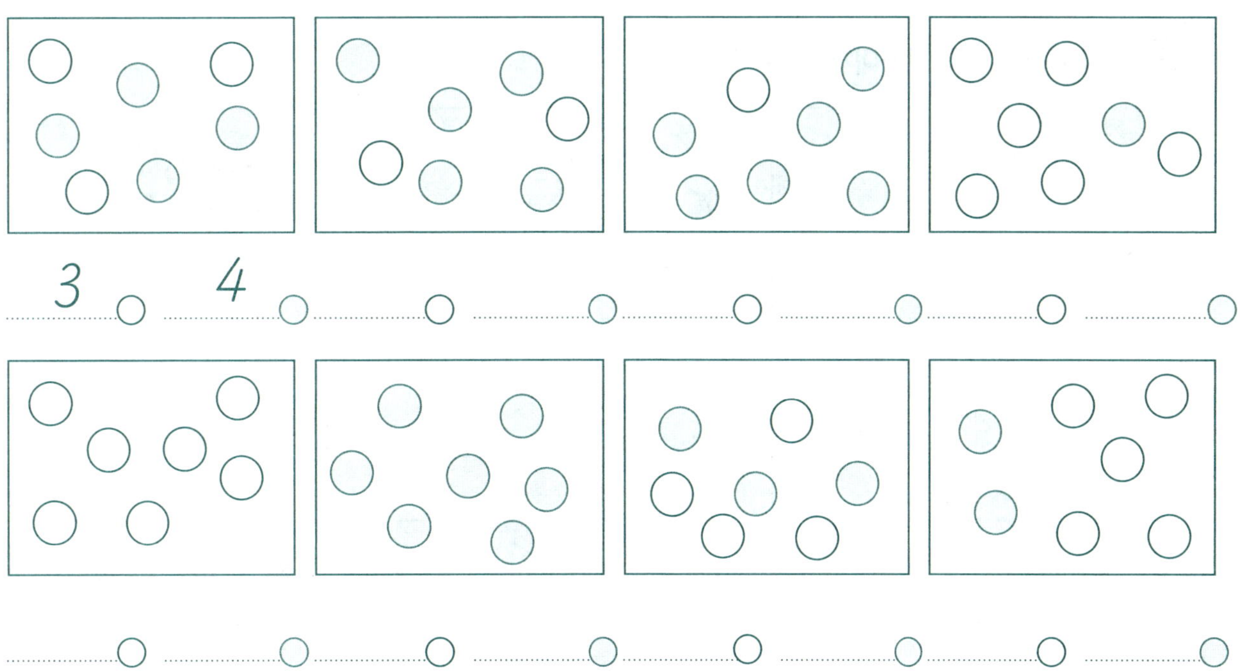

3

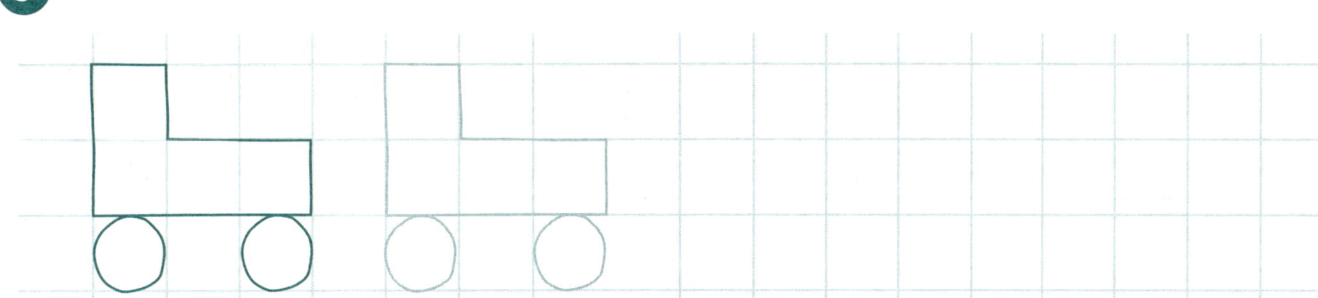

1 Lancer 7 jetons, compter et noter les jetons obtenus.
2 Écrire les quantités. **3** Compléter selon le modèle.

1 Complète.

8		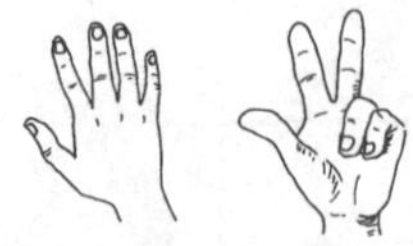		
	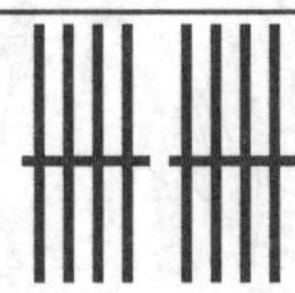			
			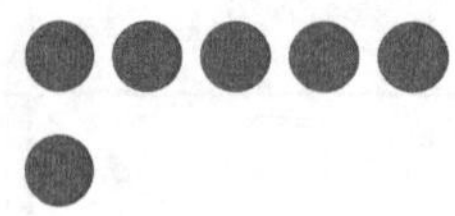	
		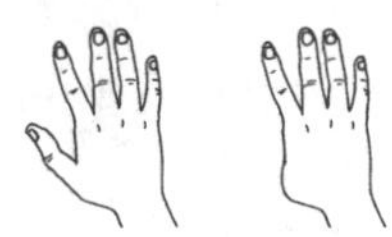		
				5+2

2 Dessine et groupe par 5.

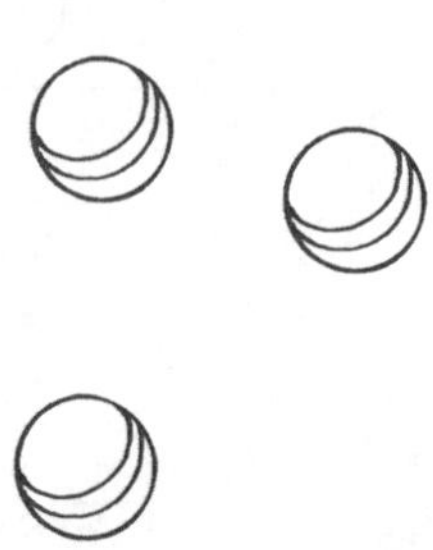

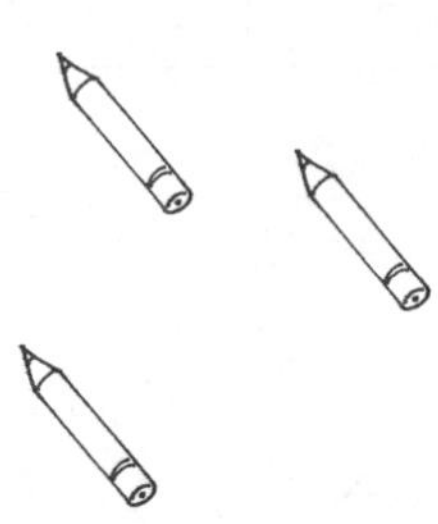

3 Complète.

6	5+1
7	5+.....
8	5+.....
9	5+.....
10	5+.....

Associer différentes formes de symbolisation de groupements par 5.

Complète.

11	●●●●● ●●●●● ●	10 + 1
12	●●●●● ●●●●● ●●	
	●●●●● ●●●●● ●●●	
	●●●●● ●●●●● ●●●●	
15		
	●●●●● ●●●●● ●●●●● ●	
	●●●●● ●●●●● ●●●●● ●●	
18		
19		
		10 + 10

1

2

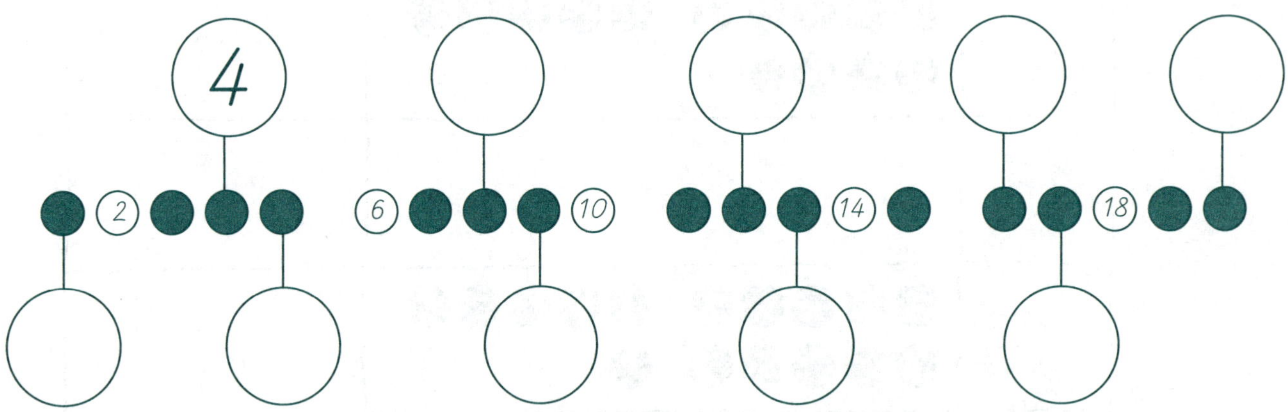

3

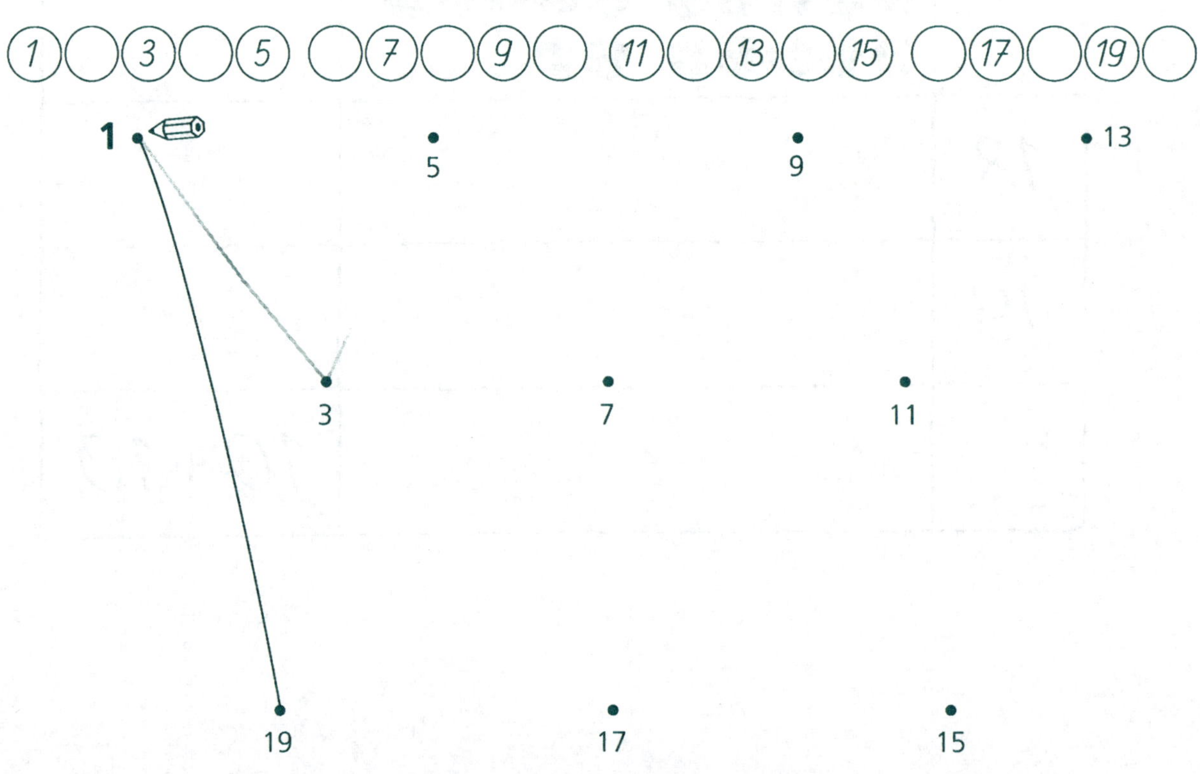

1 Relier les nombres à la rangée de 20. **2** Écrire les nombres.
3 Relier les nombres en respectant l'ordre.

1

2

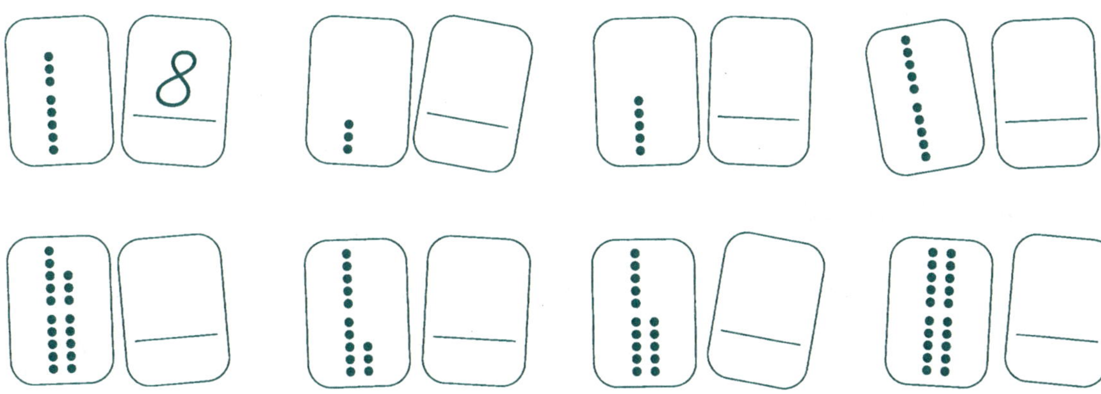

3

7	8	9	___	5	___	___	1	___
___	18	___	___	15	___	___	11	___

4

1 Relier nombres et jetons dessinés. **2** Écrire les nombres représentés.
3 Nombres voisins. **4** Imiter le modèle.

1 Toujours 10 au total.

6 + 4 .... 3 + ...

7 + ... 2 + ...

2 Toujours 7 au total.

4 + ... 5 + ... 6 + ... 2 + ... 3 + ...

3 Toujours 8 en tout.

6 + 2 .... 3 + ... + ...

4 Toujours 10 en tout.

6 + 4 .... 5 + ... 1 + ...

.... + ... + ...

1-4 Décomposer des nombres en utilisant 2 couleurs pour les jetons.

Complète.

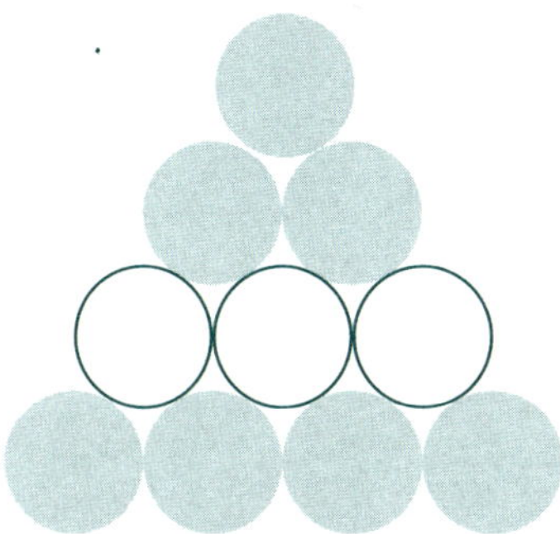

7 + ...

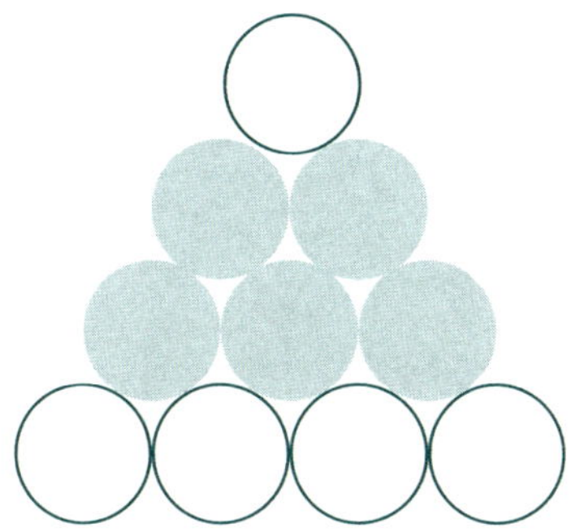

.... + ...

.... + ...

.... + ...

.... + ...

.... + ...

.... + ...

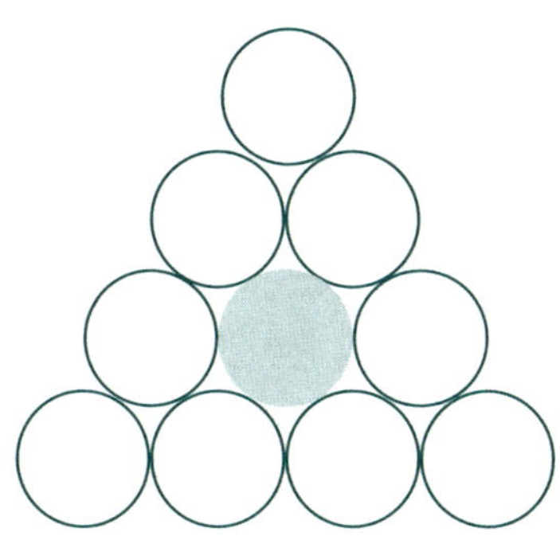

.... + ...

.... + ...

.... + ...

.... + ...

.... + ...

Écrire les décompositions. Comparer les triangles.

1 Toujours 8

.... + ...

.... + ...

.... + ...

.... + ...

.... + ...

.... + ...

2 Toujours 9

.... + ...

.... + ...

.... + ...

.... + ...

.... + ...

.... + ...

3 Toujours 10

.... + ...

.... + ...

.... + ...

.... + ...

4 Toujours 6

.... + ...

.... + ...

.... + ...

.... + ...

Rechercher des décompositions, noter les calculs.

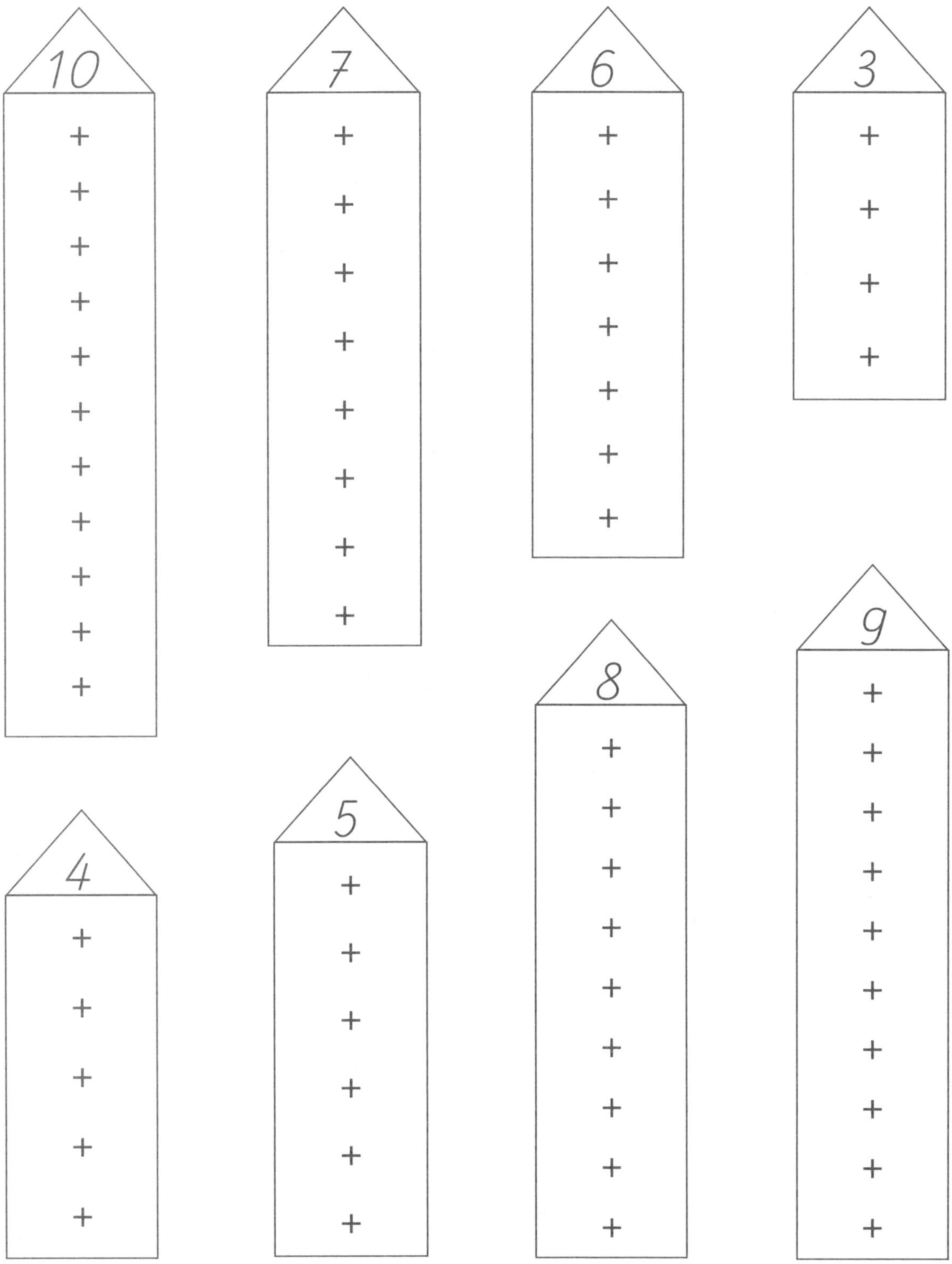

Compléter les maisons de nombres en organisant les calculs.

10

7	+	
	+	8
8	+	
0	+	
9	+	
10	+	
1	+	
	+	7
6	+	
	+	6
	+	5

7

6	+	
5	+	
	+	5
3	+	
	+	6
	+	7
7	+	
	+	3

6

5	+	
	+	5
6	+	
	+	2
2	+	
	+	6
3	+	

3

7	+	
	+	0
	+	2
3	+	

4

3	+	
	+	3
2	+	
	+	4
4	+	

5

	+	0
	+	3
4	+	
2	+	
	+	2
1	+	

8

5	+	
	+	2
2	+	
	+	5
1	+	
4	+	
	+	0
	+	7
0	+	

9

7	+	
	+	7
5	+	
6	+	
	+	1
	+	6
	+	5
0	+	
	+	0
1	+	

Compléter les maisons de nombres.

Toujours 20

1

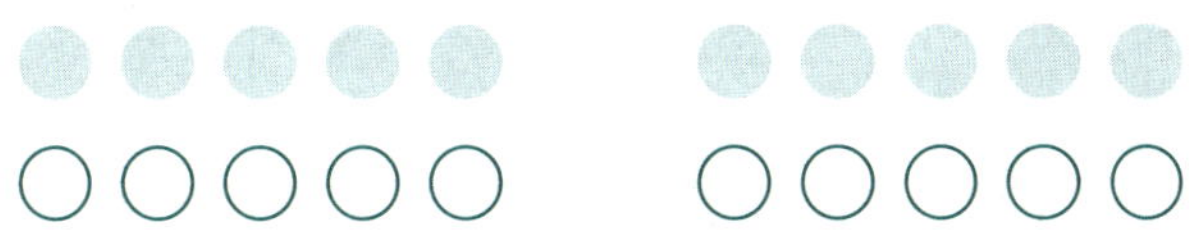

10 + ...

2

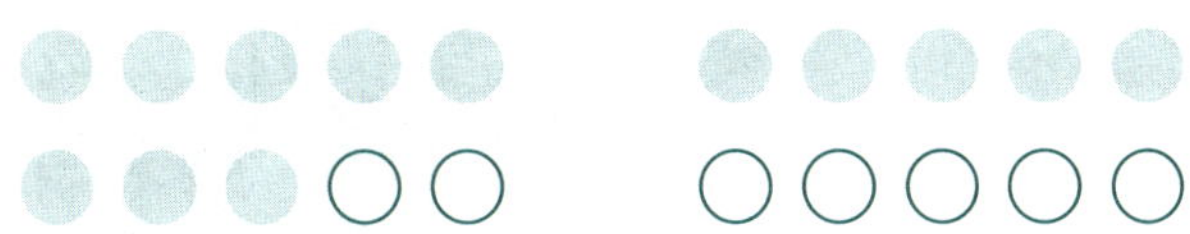

13 + ...

3

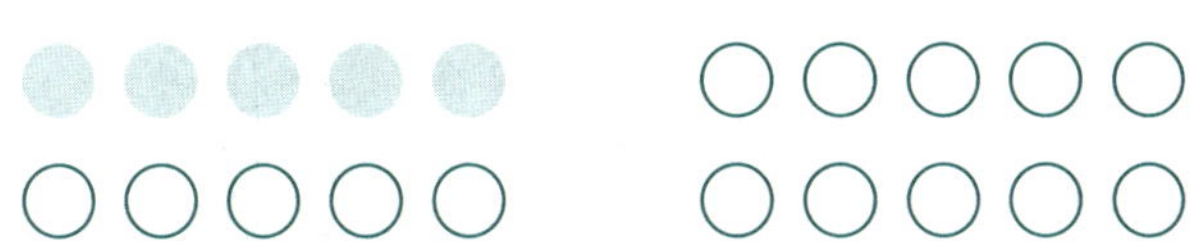

.... + ...

4

.... + ...

Toujours 20

5

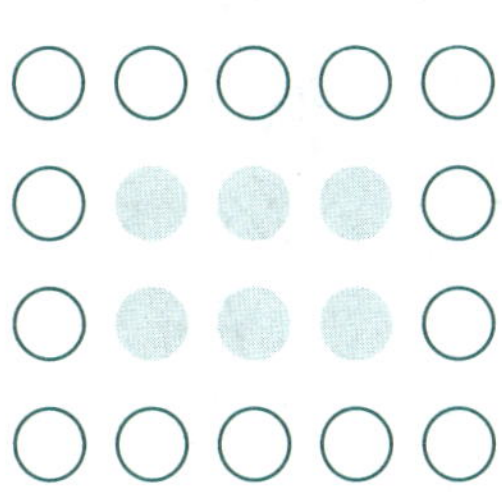

6 ● ....

○ ....

● ....

○ ....

6

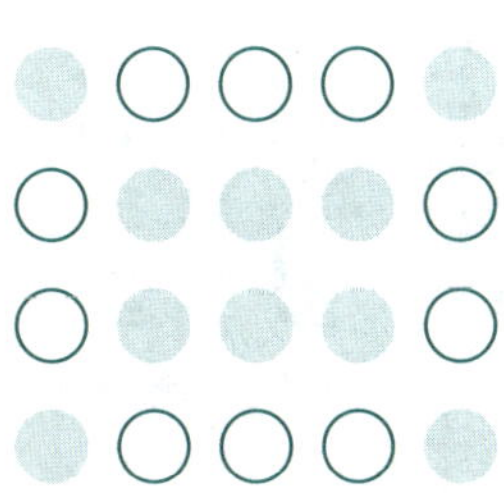

● ....

○ ....

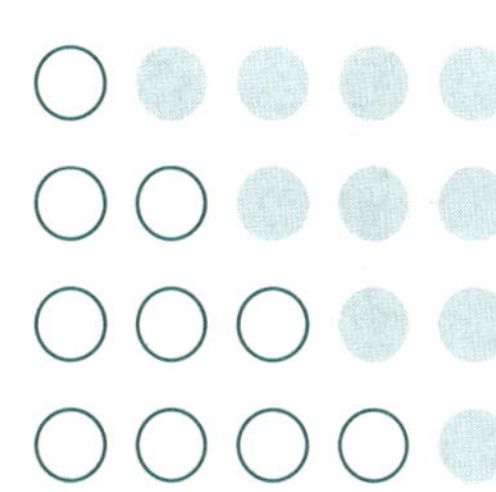

● ....

○ ....

1-4 Colorier les décompositions en deux couleurs.
5-6 Déterminer les quantités et écrire les décompositions.

1

3.	2.				

2

10.	6.								

1, 2 Préciser le numéro d'ordre.

1

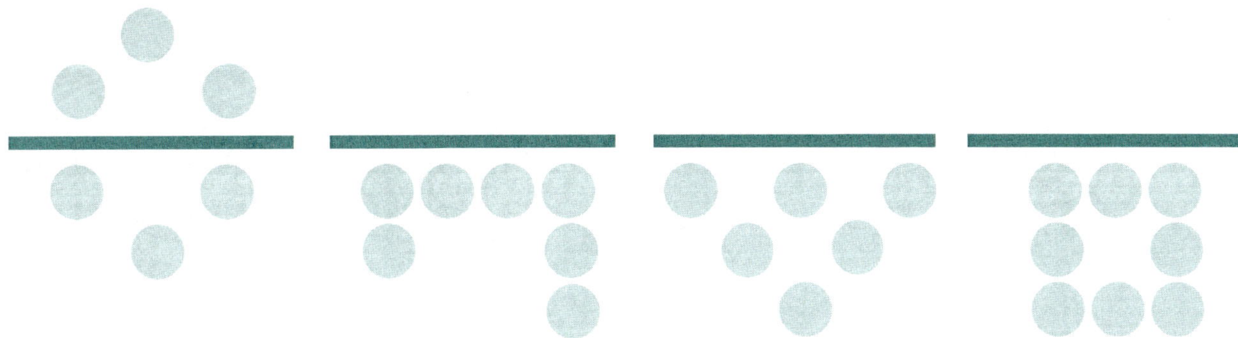

2

2			2+2	4
3				
4				
5				
6				
7				
8				

3

Nombre	2	4	6	8	10	9	7	5	3
le double	4								

4

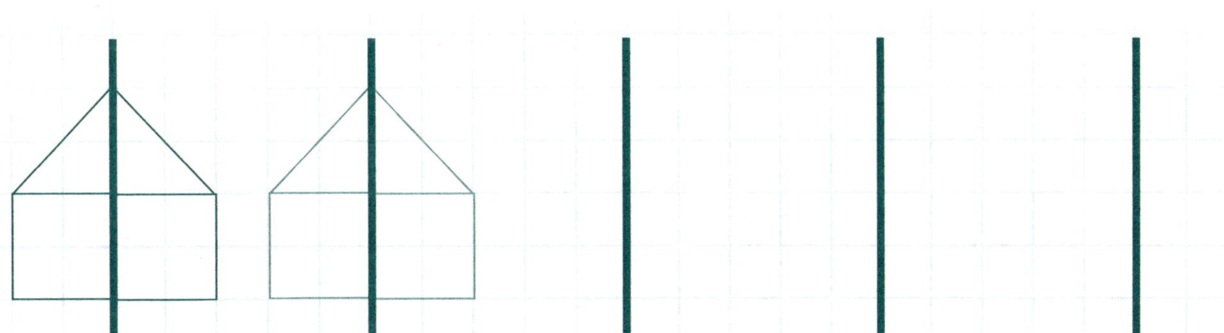

1 Dessiner les jetons dans le miroir.
2, 3 Compléter la table des doubles. **4** Compléter selon le modèle.

1

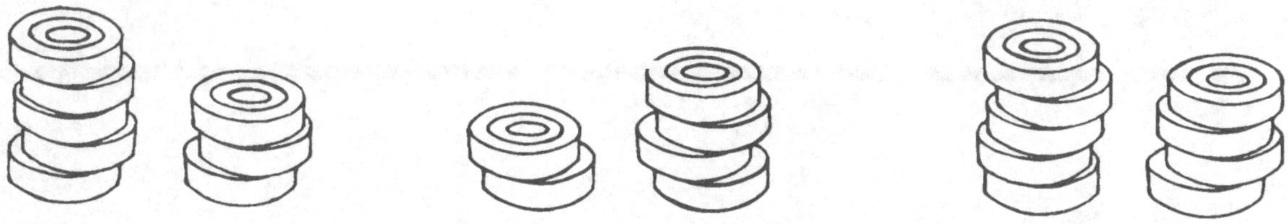

5 + = | + = | + =

2

+ = | + = | + =

3

+ = | + = | + =

4

3 + = | + = | + = | + =

5

+ = | + = | + = | + =

6

+ = | + = | + = | + =

1-6 Écrire les additions.

1

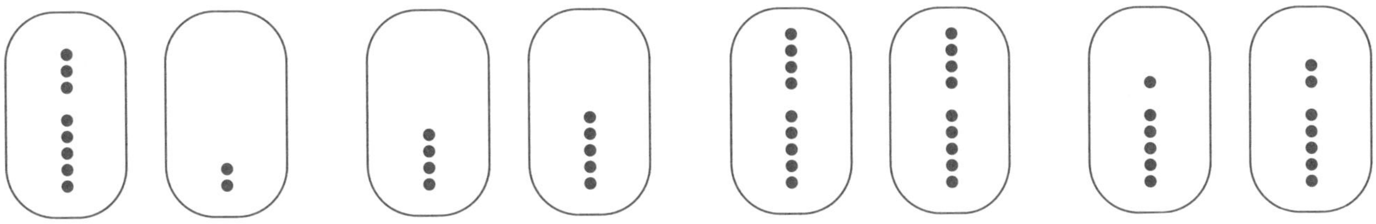

8 > 2

2

4 < 5	10 < 20	18 > 15	20 > 16
5 5	10 10	16 15	20 17
14 5	10 0	14 15	20 18
15 5	10 8	12 15	20 19
3 5	10 18	10 15	20 20

3

3 + 1 < 5	3 + 1 < 5	3 + 1 < 5
4 + 2 5	4 + 2 5	4 + 2 5
1 + 1 5	1 + 1 5	1 + 1 5
5 + 3 5	5 + 3 5	5 + 3 5
2 + 2 5	2 + 2 5	2 + 2 5

4

6 + 4 < 15	20 > 3 + 7	20 > 10 + 7
7 + 5 15	20 13 + 7	20 15 + 5
8 + 6 15	20 8 + 7	20 16 + 4
9 + 7 15	20 18 + 7	20 12 + 2
10 + 8 15	20 8 + 8	20 19 + 1

5

1 Comparer les quantités et utiliser les signes <, >, =. 2 Comparer les nombres. 3, 4 Utiliser les signes <, >, =.
5 Compléter selon les modèles.

1 Relie. Complète les calculs.

○ ○ ○ ○ ○ ○ ○ ○ ○ 10 ○ ○ ○ ○ ○ ○ ○ ○ ○ ○

6	10	15	18
3 + 3	5 + 5	10 + 5	10 + 8
+	+	+	+
+	+	+	+
+	+	+	+
+	+	+	+

2

6 = ☐ + ☐ = ☐ + ☐ = ☐ + ☐ | 10 = ☐ + ☐ = ☐ + ☐ = ☐ + ☐

15 = ☐ + ☐ = ☐ + ☐ = ☐ + ☐ | 18 = ☐ + ☐ = ☐ + ☐ = ☐ + ☐

3

△ < △ < △ ☐ + ☐ < ☐ + ☐ < ☐ + ☐

△ < △ < △ ☐ + ☐ < ☐ + ☐ < ☐ + ☐

△ < △ < △ ☐ + ☐ < ☐ + ☐ < ☐ + ☐

4

△ = ☐ + ☐ < △ = ☐ + ☐ < ☐ + ☐ = ☐ + ☐

☐ + ☐ = ☐ + ☐ = ☐ + ☐ < ☐ + ☐ < ☐ + ☐ = ☐ + ☐

☐ + ☐ < ☐ + ☐ = ☐ + ☐ < △ < △ = ☐ + ☐

1 Relier les maisons à la rangée de 20 et compléter les calculs.
2, 3, 4 Compléter à partir des maisons de 6, 10, 15, 18.

10 - 4 =

❶

10 - 5 =

10 - =

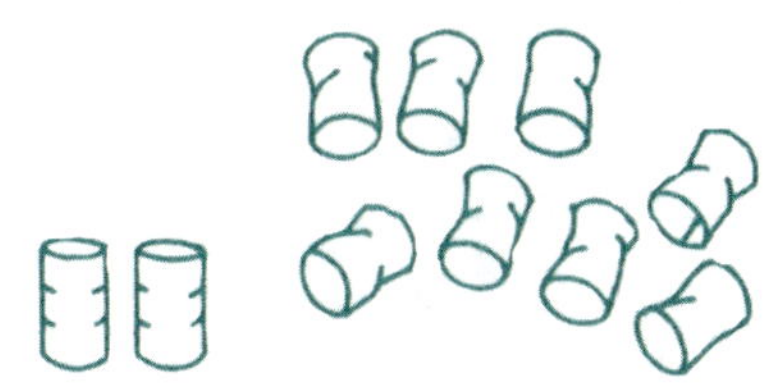

10 - =

❷

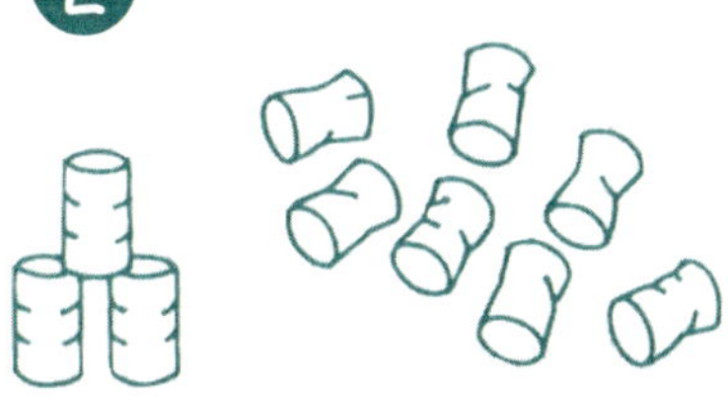

10 - =

10 - =

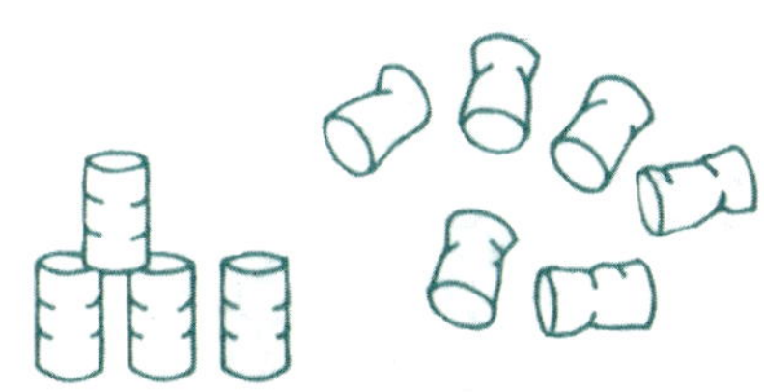

10 - =

❸

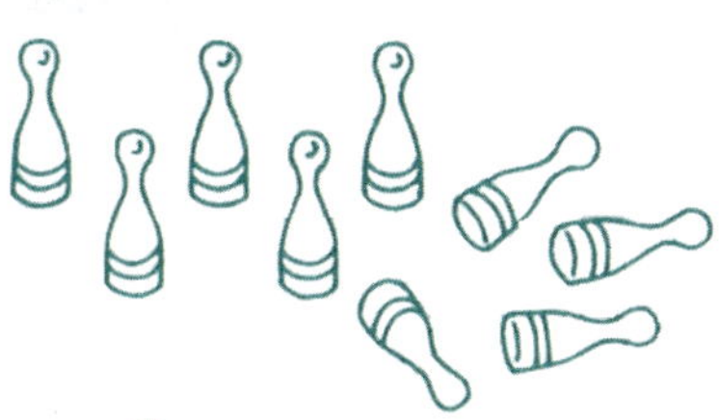

9 - =

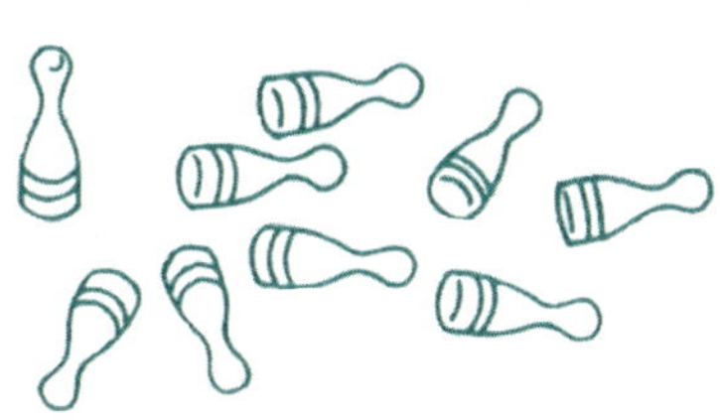

9 - =

9 - =

❹

9 - =

9 - =

9 - =

1-4 Raconter les situations, écrire les calculs.

1

10 - 2 =

9 - =

13 - =

2

12 - =

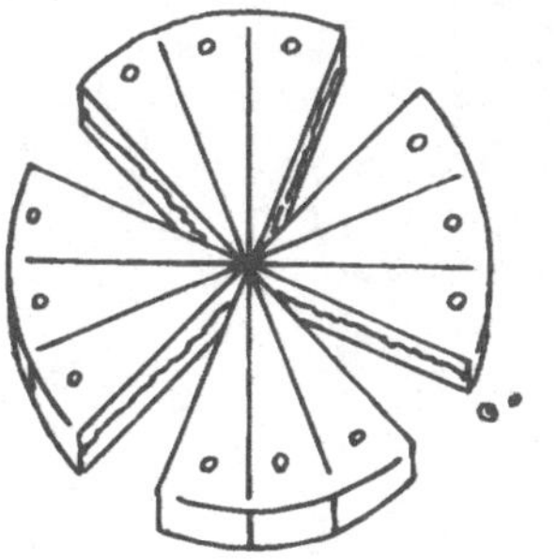

16 - =

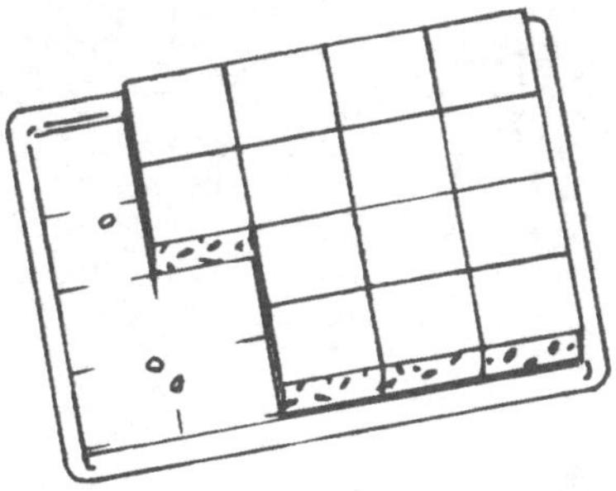

20 - =

3

10 - =

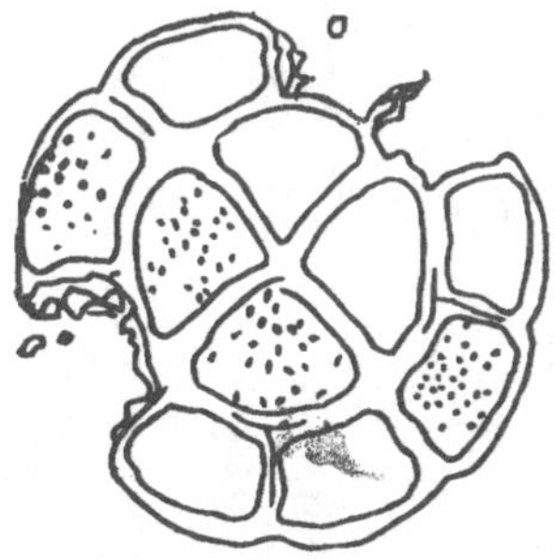

13 - =

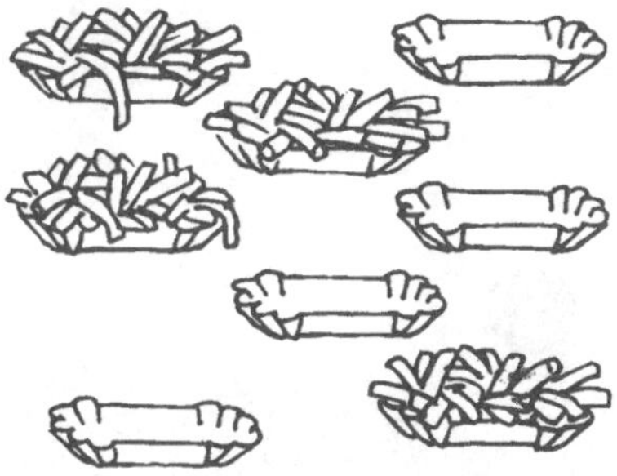

8 - =

4

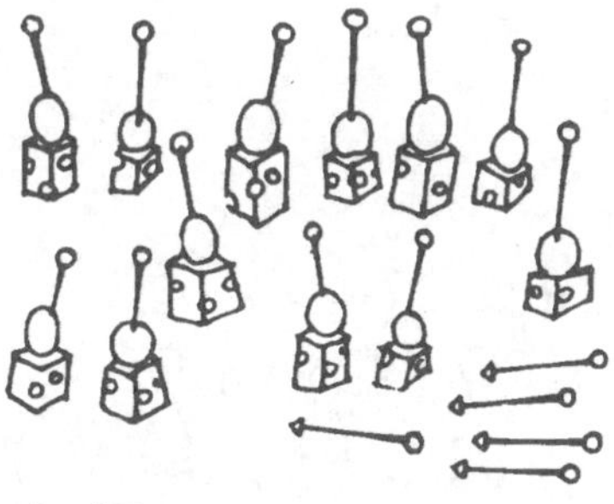

17 - =

11 - =

10 - =

1-4 Raconter les situations, écrire les calculs.

1

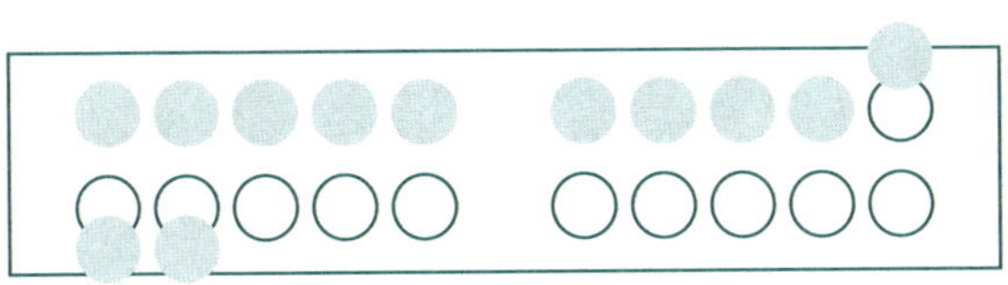

Pose 12, retire 3	12 - 3 =
Pose 11, retire 4	11 - 4 =
Pose 10, retire 5	10 - 5 =
Pose 9, retire 6	9 - 6 =
Pose 8, retire 7	8 - 7 =

2 Pose les jetons et calcule.

14 − 5 =	15 − 5 =	20 − 5 =
13 − 5 =	15 − 6 =	19 − 5 =
12 − 5 =	15 − 7 =	18 − 5 =
11 − 5 =	15 − 8 =	17 − 5 =
10 − 5 =	15 − 9 =	16 − 5 =

3

20 − 2 =	14 − 4 =	4 − 2 =
18 − 4 =	15 − 4 =	6 − 3 =
16 − 6 =	16 − 6 =	8 − 4 =
14 − 8 =	17 − 6 =	10 − 5 =
12 − 10 =	18 − 8 =	12 − 6 =

Manuel page 56

1 Toujours 7 étoiles.

$5 + \quad = 7$ | $3 + \quad = 7$ | $6 + \quad = 7$
$7 - \quad = 5$ | $7 - \quad = 3$ | $7 - \quad = 6$

2

$5 + 5 =$
$10 - 5 =$

$12 + 8 =$
$20 - 8 =$

$10 + 5 =$
$15 - \quad =$

$6 + 6 =$
$12 - 6 =$

$14 + 6 =$
$20 - \quad =$

$9 + 6 =$
$15 - \quad =$

$7 + 7 =$
$14 - 7 =$

$16 + 4 =$
$20 - \quad =$

$8 + 7 =$
$\quad - 7 =$

3

$8 + 8 =$
$16 - 8 =$

$15 + 5 =$
$\quad - 5 =$

$5 + 6 =$
$\quad - 6 =$

$9 + 9 =$
$\quad - \quad =$

$13 + 7 =$
$\quad - \quad =$

$6 + 7 =$
$\quad - \quad =$

$10 + 10 =$
$\quad - \quad =$

$11 + 8 =$
$\quad - \quad =$

$7 + 8 =$
$\quad - \quad =$

4

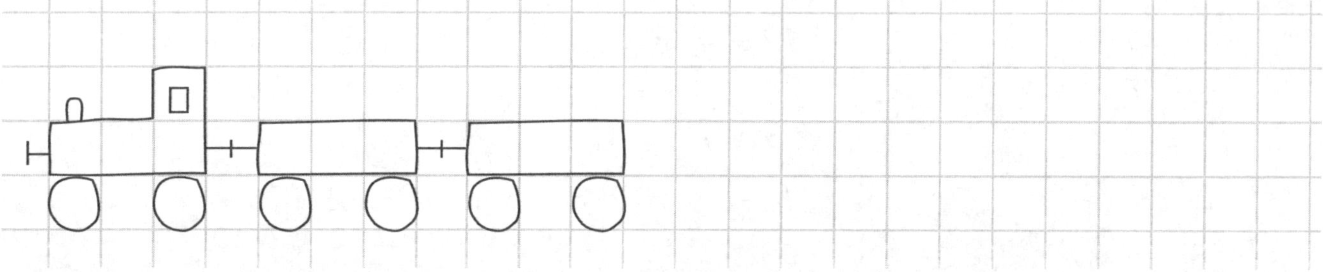

1, 2, 3 Additionner et soustraire à partir d'une même situation.
4 Dessiner le modèle.

1

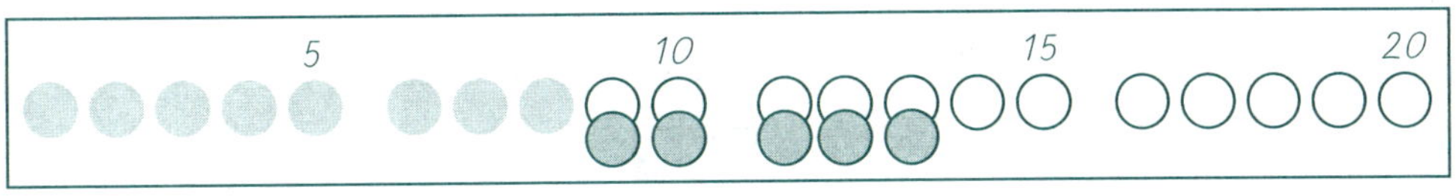

8 + 5 = ……

13 − 5 = ……

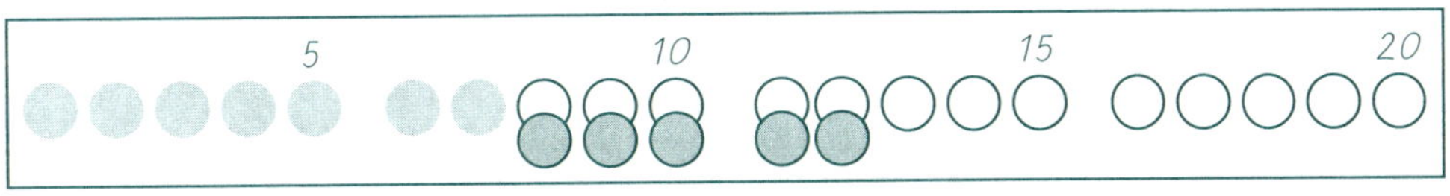

7 + 5 = ……

12 − …… = ……

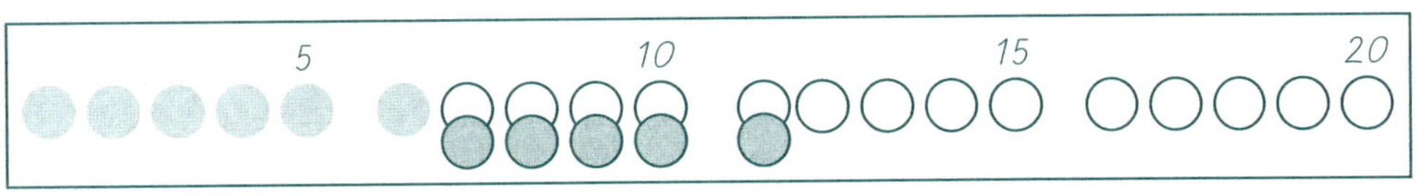

6 + …… = ……

11 − …… = ……

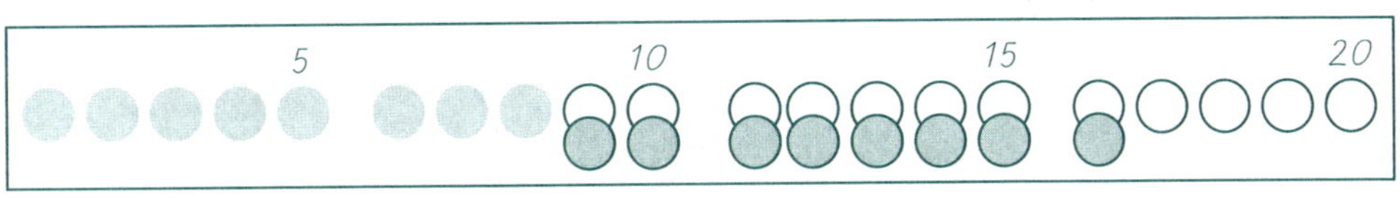

8 + …… = ……

…… − …… = ……

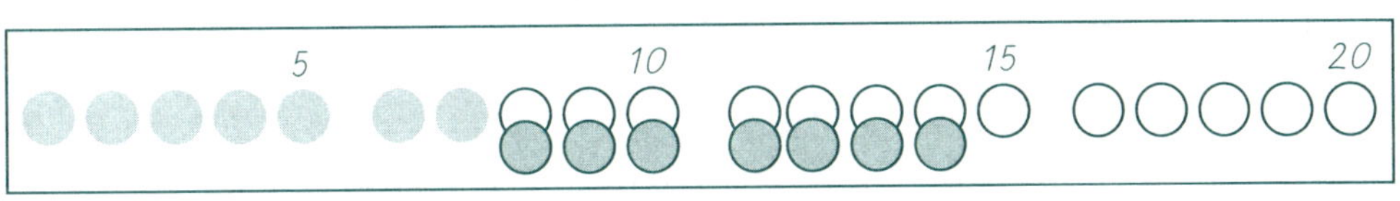

…… + …… = ……

…… − …… = ……

2

9 + 3 =	5 + 6 =	8 + 4 =	6 + 7 =
12 − 3 =	− 6 =	− 4 =	− 7 =
12 − 9 =	− 5 =	− 4 =	− 6 =

3

11 − 6 =	12 − 5 =	14 − 7 =	17 − 8 =
5 + 6 =	+ =	+ =	+ =
11 − 5 =	− =	− =	− =

4

19 − 9 =	19 − 8 =	15 − 10 =
18 − 8 =	18 − 7 =	16 − 11 =
17 − 7 =	17 − 6 =	17 − 12 =
15 − 5 =	15 − 6 =	20 − 15 =
13 − 4 =	14 − 4 =	10 − 5 =

1 Additionner et soustraire dans l'espace des 20 premiers nombres.
2-3 Réaliser deux opérations inverses. **4** Effectuer des soustractions.

1

4 + 5 = 9

+ =

+ =

+ =

2

6 + 2 + 1 = 9

+ + =

+ + =

+ + =

3

+ = 10

+ = 10

+ = 10

+ = 10

4

+ + = 15

+ + = 15

+ + = 15

+ + = 15

5

+ = 8

+ = 8

+ = 8

+ = 8

6

+ + = 12

+ + = 12

+ + = 12

+ + = 12

1 à 6 Compléter les faces des dés et les calculs.

1

2

5 + 5 =

3

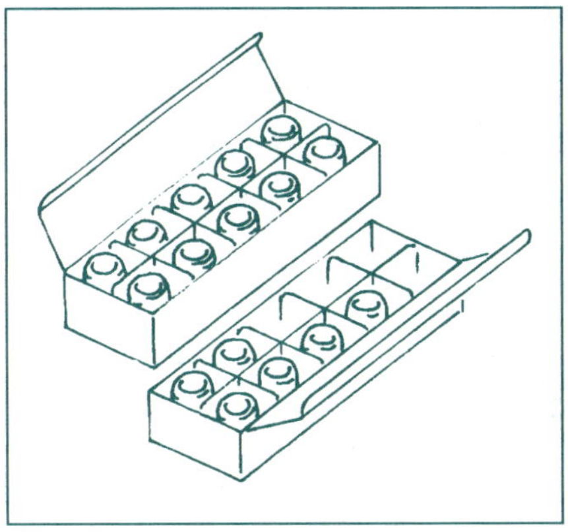

4

4 + 3 =

5

6

1 + 2 + 3 =

7

6 + 6 =	20 − 2 =	19 − 9 =
7 + 3 =	17 − 1 =	9 − 9 =
3 + 7 =	18 − 4 =	17 − 6 =
3 + 9 =	19 − 7 =	7 − 6 =
9 + 3 =	16 − 6 =	14 − 3 =

8

10 + = 17	20 − = 15	4 + = 7
7 + = 13	16 − = 15	14 + = 17
13 + = 18	19 − = 14	15 + = 20
11 + = 15	17 − = 16	6 + = 9
9 + = 12	18 − = 13	16 + = 19

1, 3, 5 Raconter des situations et les traduire en opérations.
2, 4, 6 Inventer des situations. **7, 8** Effectuer les exercices.

1

| 14 |
1	3	1	1

| |
| | |
| 4 | 4 | 4 |

| 16 |
2	2	2	2

2

| 20 |
5	3	1	3

| |
| | |
| 8 | 2 | 4 |

| |
5	1	2	4

3

| 19 |
4	1	3	3

| |
| 8 | |
| 3 | | 5 |

| 20 |
10	
6		
4		2	4

4

| 14 |
1	3	1	1

| |
| | |
| 4 | 4 | 4 |

| 16 |
2	2	2	2

5

| 15 |
2	3	1	1

| |
| | |
| 8 | 4 | 4 |

| 16 |
2	3	1	2

6

| 17 |
5	1	2	3

| |
| 10 | |
| 5 | | 5 |

| 20 |
10	
6		
5		3	3

1-6 Compléter les murs de nombres.

①

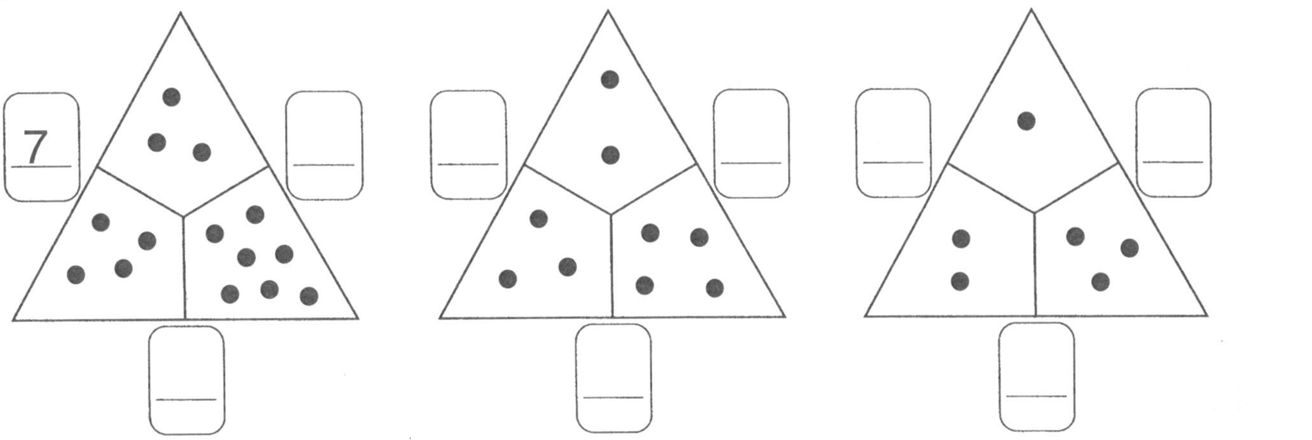

②

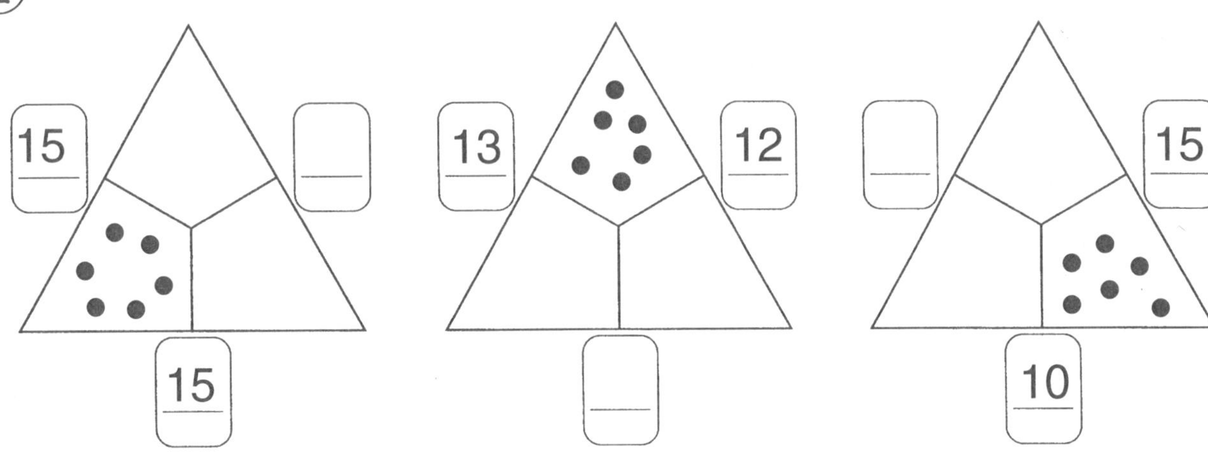

③

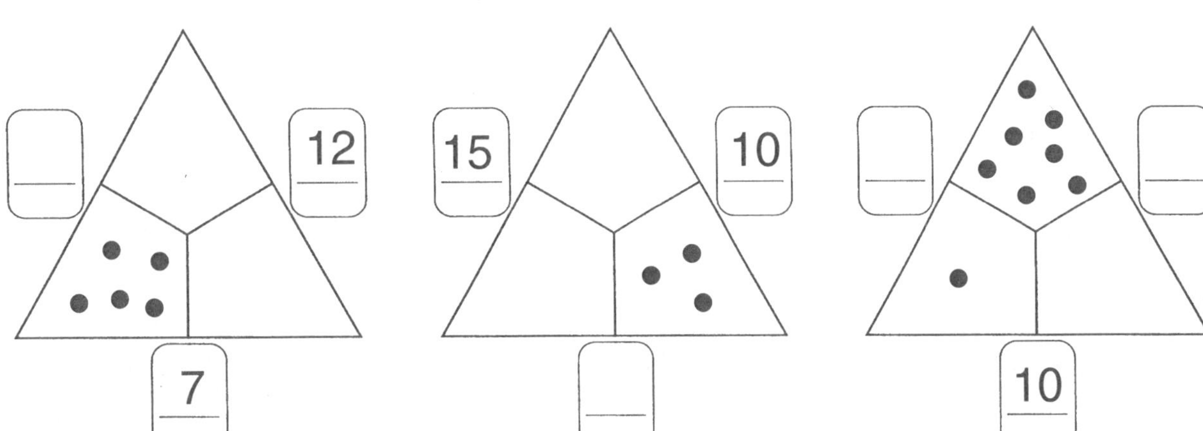

1-3 Compléter les arithmogones.

1

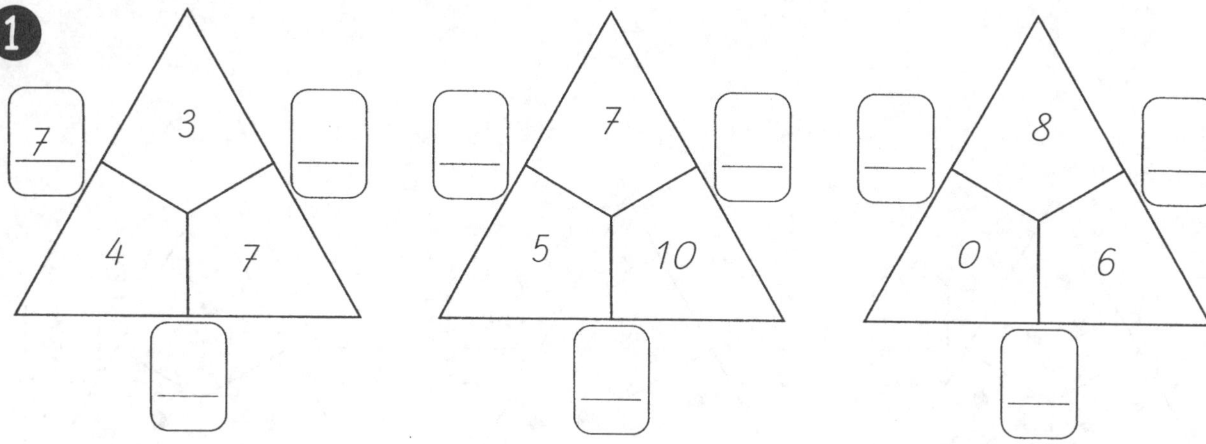

2

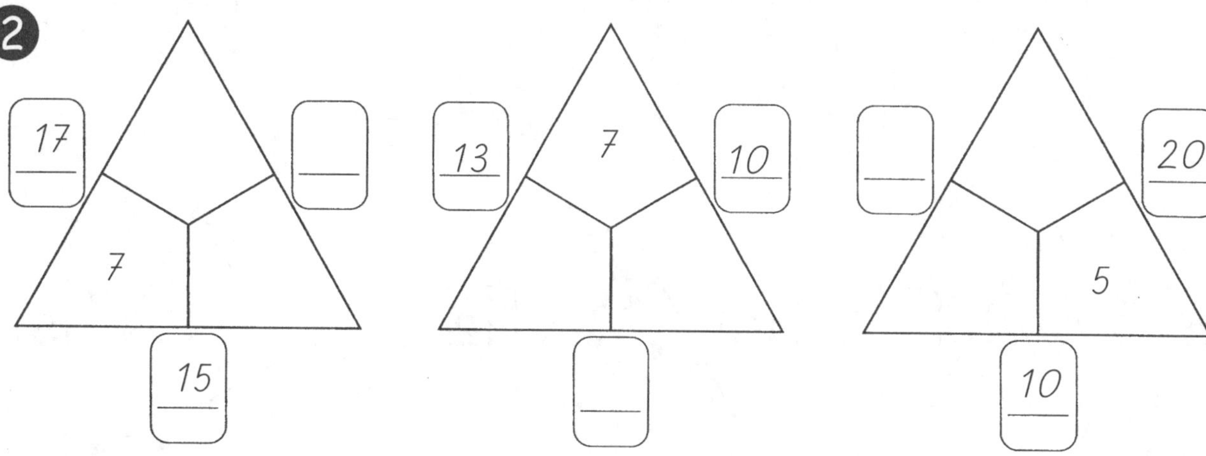

3

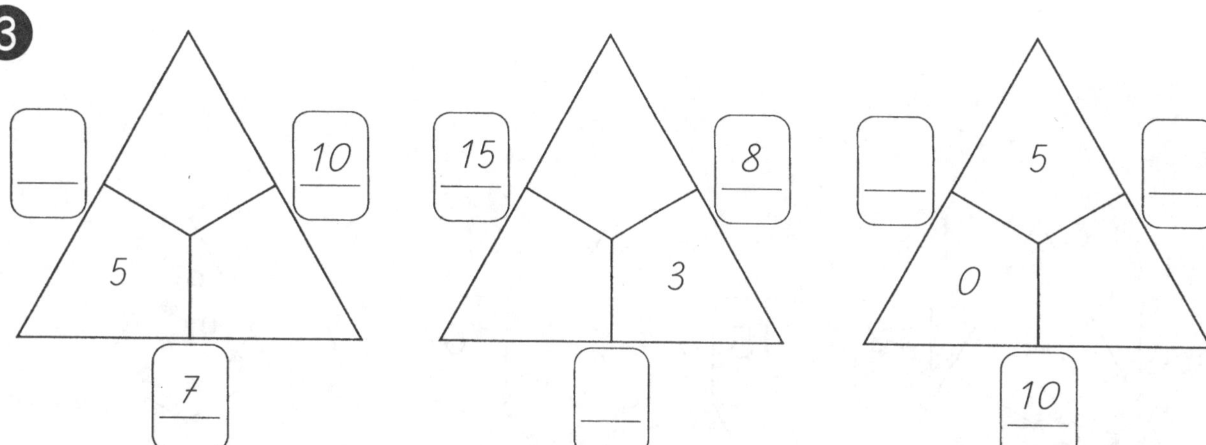

4

14 − 2 =	13 + 6 =	13 − 9 =
14 − 4 =	11 + 6 =	14 − 9 =
14 − 6 =	9 + 6 =	15 − 9 =
14 − 8 =	7 + 6 =	17 − 9 =
14 − 9 =	5 + 6 =	18 − 9 =

1-3 Compléter les arithmogones.
4 Résoudre les exercices.

1

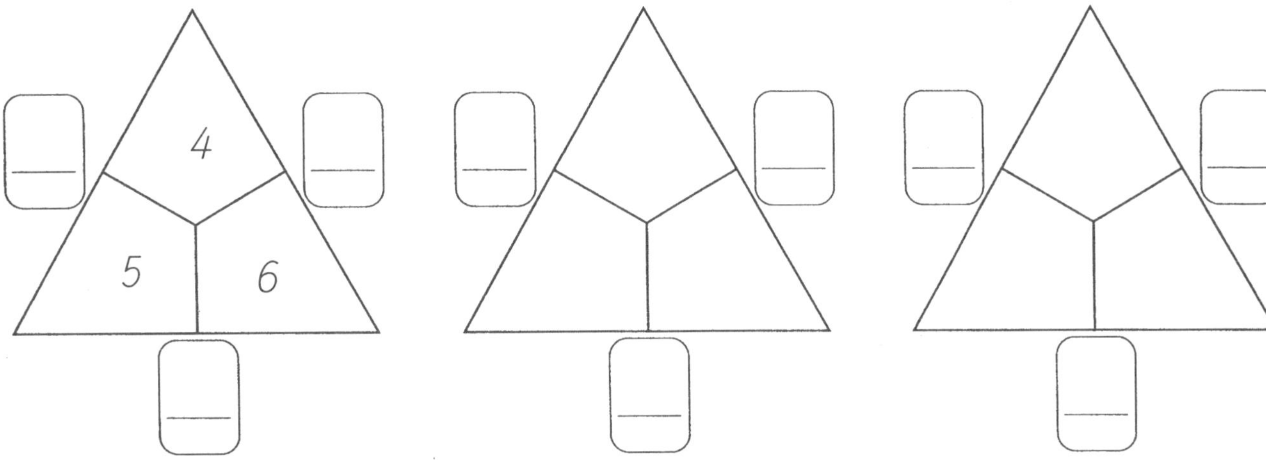

2

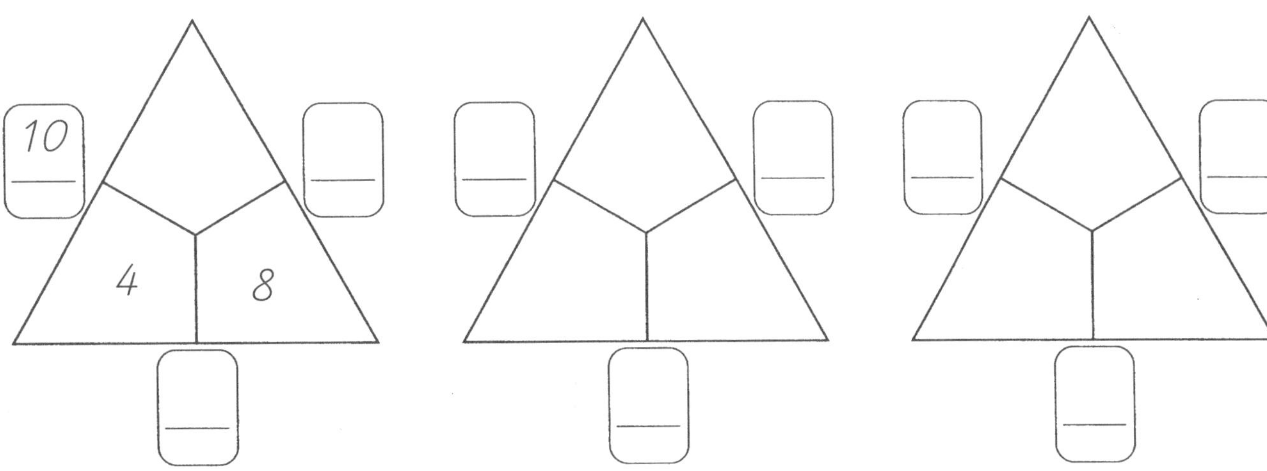

3

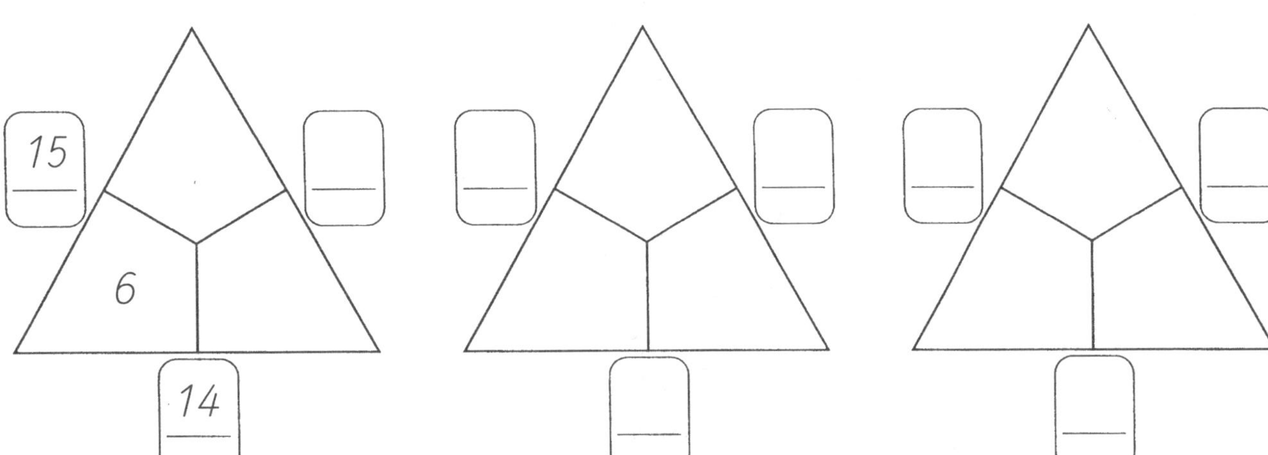

1-3 Inventer des arithmogones selon le modèle, puis les compléter.

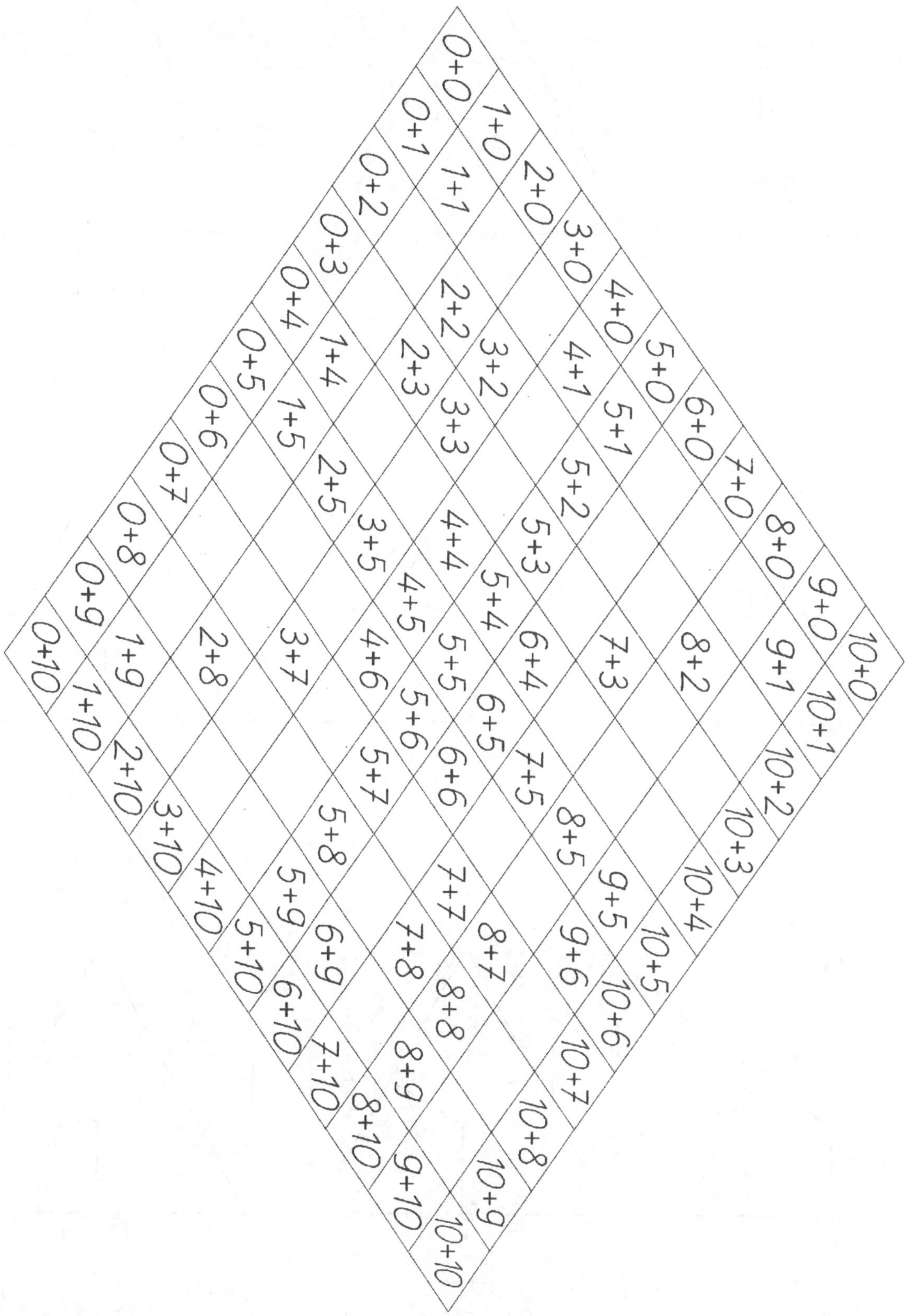

Colorier les cases comme dans le manuel page 68.
Compléter les cases vides.

1

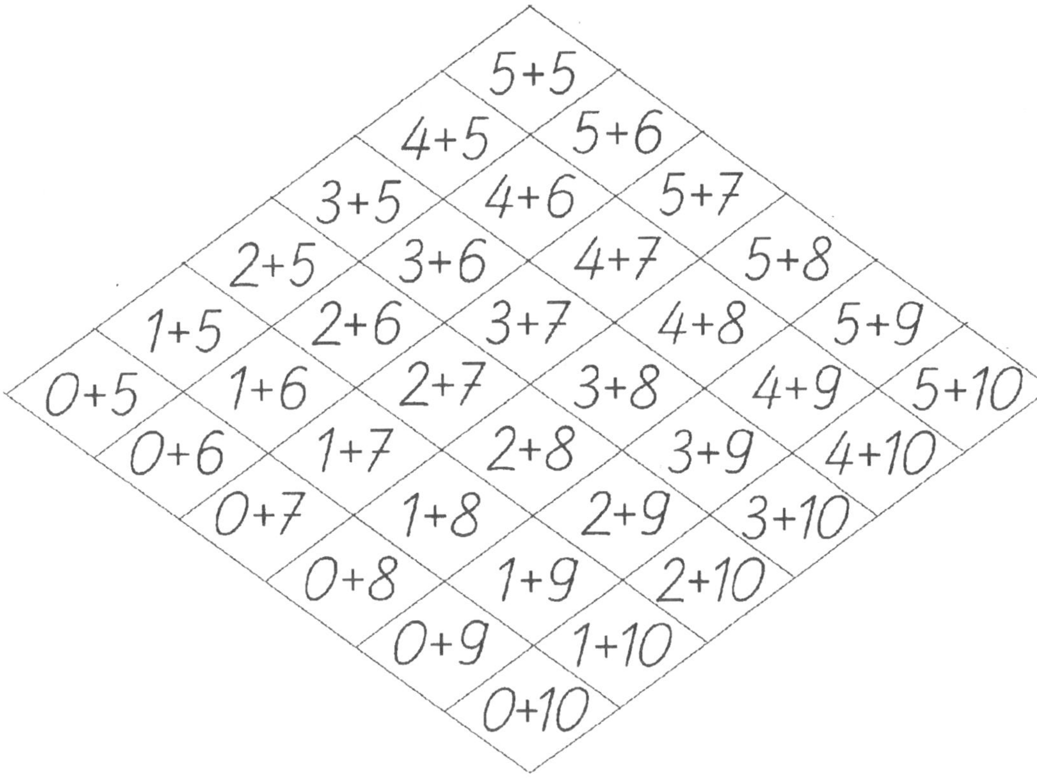

2

1 + 5 =	3 + 5 =	2 + 5 =	4 + 5 =
1 + 6 =	3 + 6 =	2 + 6 =	5 + 5 =
1 + 7 =	3 + 7 =	2 + 7 =	6 + 5 =
1 + 8 =	3 + 8 =	2 + 8 =	7 + 5 =

3

5 + 6 =	5 + 8 =	5 + 7 =	5 + 9 =
4 + 6 =	4 + 8 =	4 + 7 =	4 + 9 =
3 + 6 =	3 + 8 =	3 + 7 =	3 + 9 =
2 + 6 =	2 + 8 =	2 + 7 =	2 + 9 =

1 Colorier les cases à partir de la table d'addition page 68 du manuel.
2 Compléter les régularités à partir de la table d'addition.

1

1 + 7 = 2 + 8 = 3 + 9 =

0 + 7 = 1 + 8 = 3 + 10 =

0 + 8 = 1 + 9 = 2 + 10 =

0 + 9 =

0 + 10 =

2

5 + 0 =

4 + 0 =

4 + 1 =

10 + 5 =

9 + 5 =

9 + 6 =

8 + 7 =

7 + 7 =

7 + 8 =

3

2 + 6 = 4 + 8 =

2 + 7 = 3 + 8 =

2 + 8 =

4

7 + 5 =

6 + 5 =

5 + 5 =

5 + 6 =

5 + 7 =

5

2 + 0 =

1 + 0 =

0 + 0 =

0 + 1 =

0 + 2 =

1-3 Compléter des fragments de la table d'addition, calculer.

4, 5 Résoudre les additions.

1

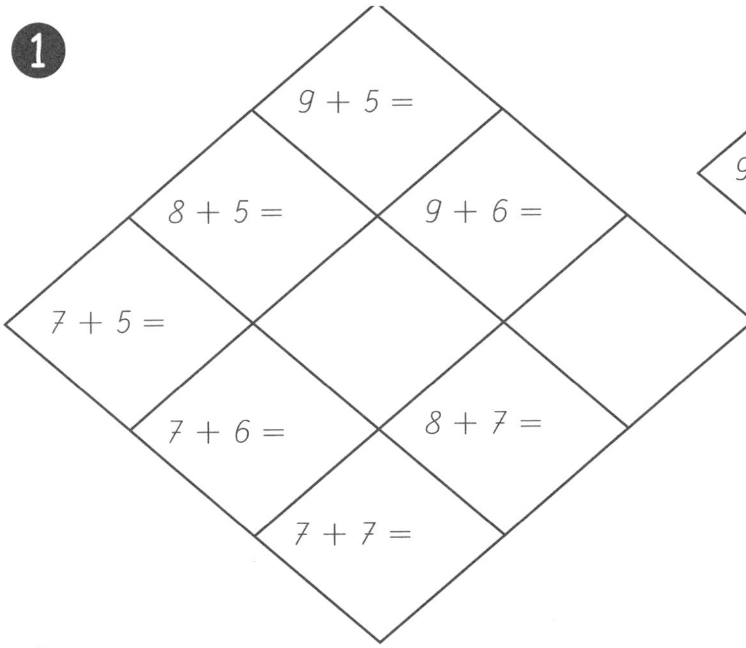

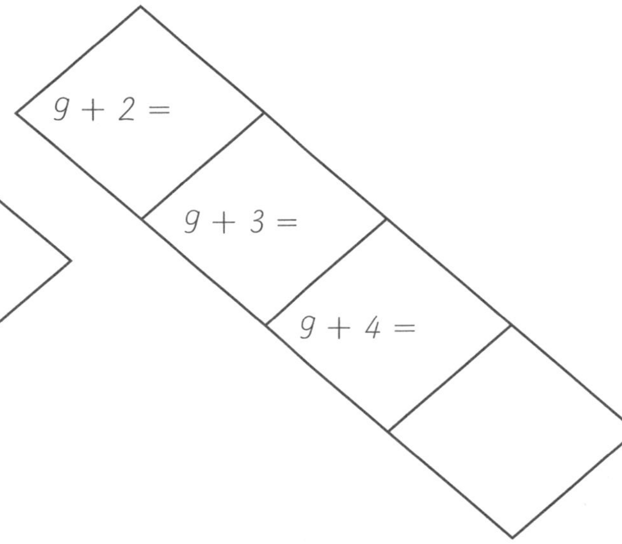

2

7 + 1 =	7 + 1 =	7 + 1 =
6 + 2 =	7 + 2 =	8 + 1 =
5 + 3 =	7 + 3 =	9 + 1 =
4 + 4 =	7 + 4 =	11 + 1 =
3 + 5 =	7 + 6 =	12 + 1 =
4 + 3 =	4 + 3 =	4 + 3 =
5 + 4 =	3 + 4 =	5 + 3 =
6 + 5 =	2 + 5 =	6 + 3 =
7 + 6 =	1 + 6 =	6 + 4 =
8 + 7 =	0 + 7 =	6 + 5 =

3

Toujours 11	Toujours 12	Toujours 16	Toujours 17
6 + 5	6 + 6	9 + 7	10 + 7
+	+	+	+
+	+	+	+
+	+	+	+

1 Compléter et calculer. **2** Calculer en ayant éventuellement recours à la table d'addition.
3 Continuer les séries comme dans la table d'addition.

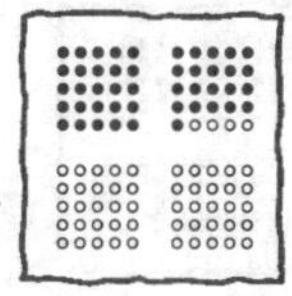

1

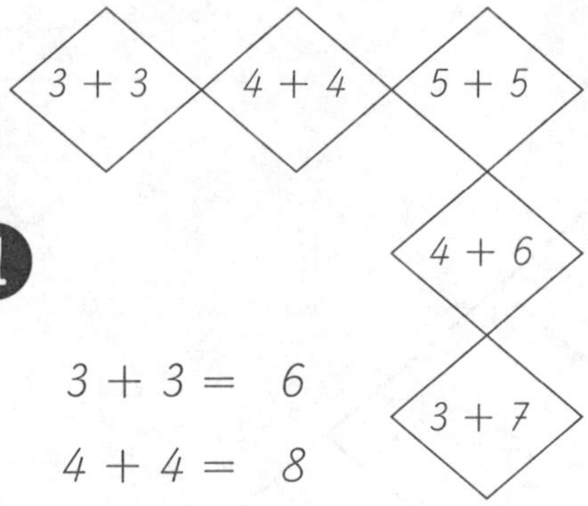

, mais aussi

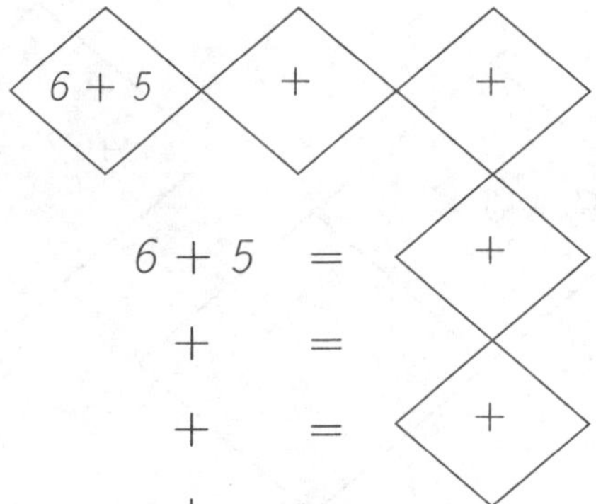

et

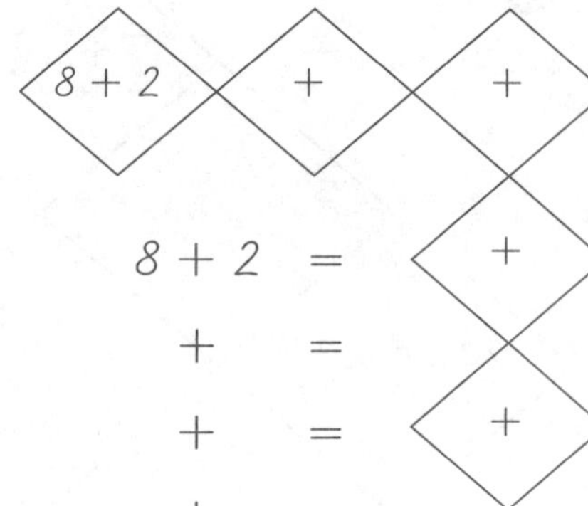

3 + 3 = 6	6 + 5 =	8 + 2 =
4 + 4 = 8	+ =	+ =
5 + 5 = 10	+ =	+ =
4 + 6 = 10	+ =	+ =
3 + 7 = 10	+ = 15	+ = 14

2

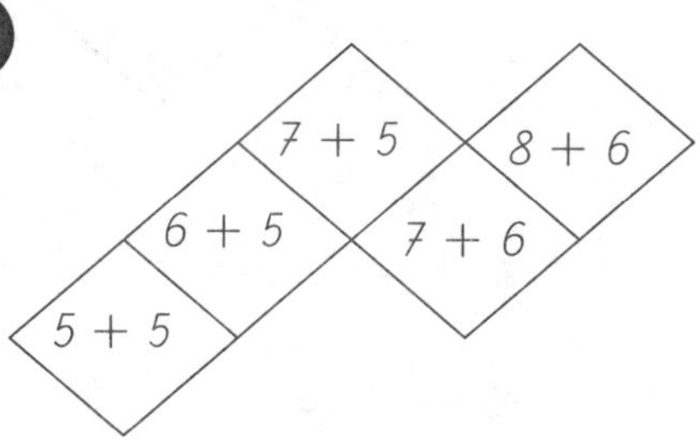

, mais aussi

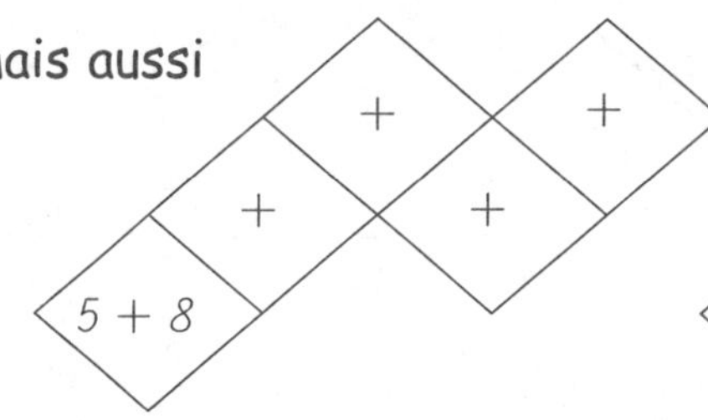

et

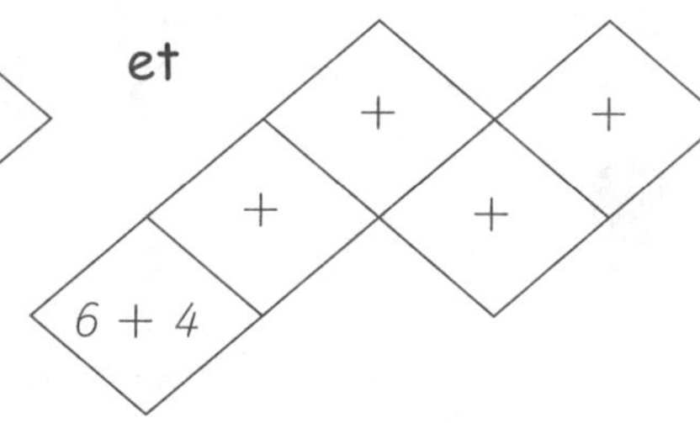

5 + 5 = 10	5 + 8 =	6 + 4 =
6 + 5 = 11	+ =	+ =
7 + 5 = 12	+ =	+ =
7 + 6 = 13	+ =	+ =
8 + 6 = 14	+ = 17	+ = 14

3

19 − 4 > 5	15 − 0 = 15	1 + 9 < 20
9 − 4 5	19 − 4 15	11 + 9 20
16 − 3 5	16 − 3 15	4 + 6 20
6 − 3 5	17 − 2 15	14 + 6 20
15 − 5 5	20 − 1 15	17 + 3 20

4

18 + 2 = 20	17 − = 12	11 − = 7
12 + = 20	18 − = 13	11 − = 4
14 + = 16	13 − = 7	13 − = 9
11 + = 19	12 − = 5	15 − = 8
15 + = 17	16 − = 8	12 − = 8

1-2 Rechercher plusieurs séries de calculs pour un même chemin. Colorier les cases (se référer, si nécessaire, à la table d'addition dans le manuel). **3** Poser les signes <, >, =. **4** Compléter les opérations.

1

8 + = 10	10 + = 15	12 + = 20	16 + = 20
7 + = 10	8 + = 15	14 + = 20	6 + = 20
6 + = 10	6 + = 15	15 + = 20	19 + = 20
4 + = 10	4 + = 15	17 + = 20	1 + = 20

2

6 + = 12	6 + = 14	17 + = 20	10 + = 18
7 + = 13	6 + = 15	7 + = 20	11 + = 18
8 + = 15	7 + = 15	13 + = 20	12 + = 18
9 + = 15	7 + = 16	3 + = 20	13 + = 19

3

7 + =10	12 + = 18	13 + = 20	11 + = 19
15 − 7 =	18 − 12 =	20 − =	19 − =
9 + =16	7 + = 13	8 + = 15	6 + = 14
16 − 9 =	13 − 7 =	15 − =	14 − =

4

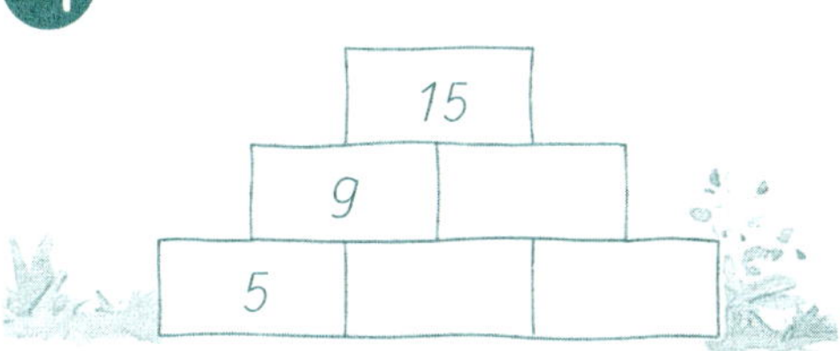

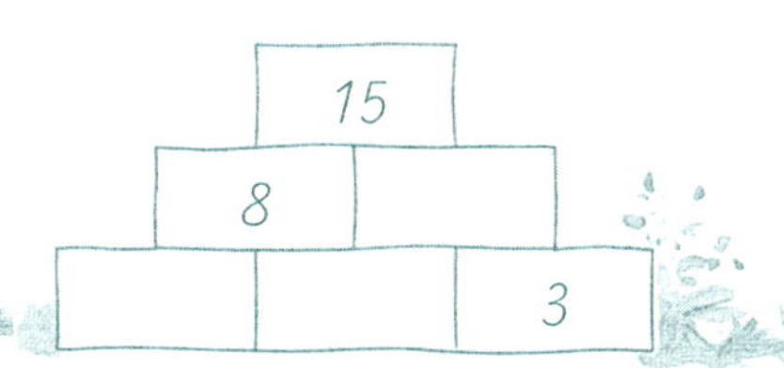

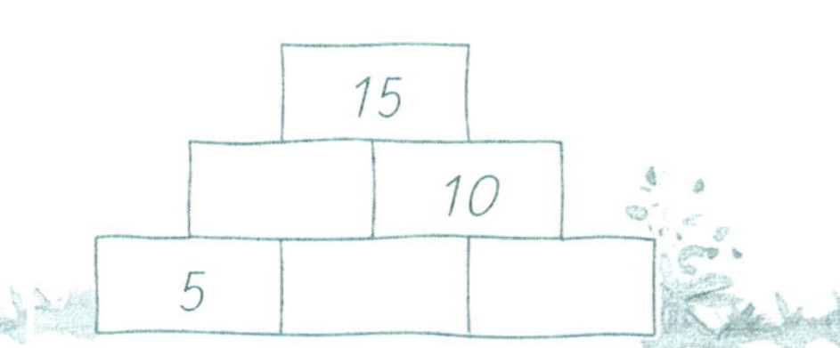

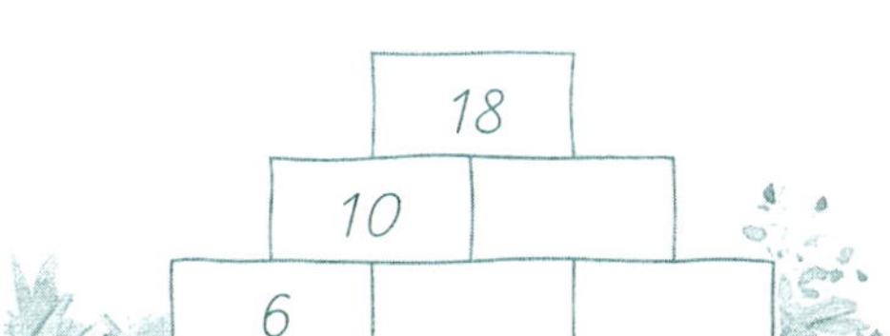

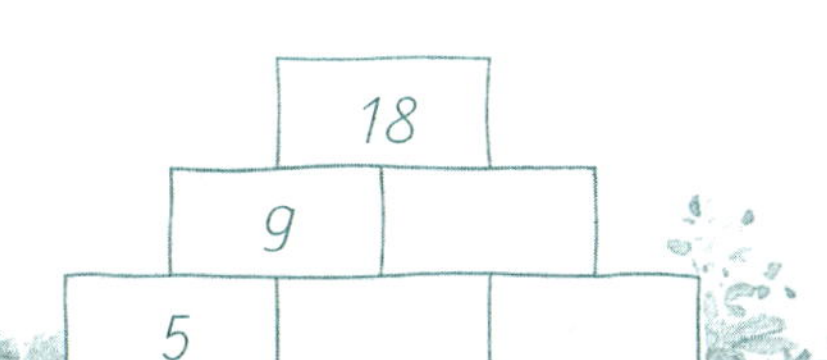

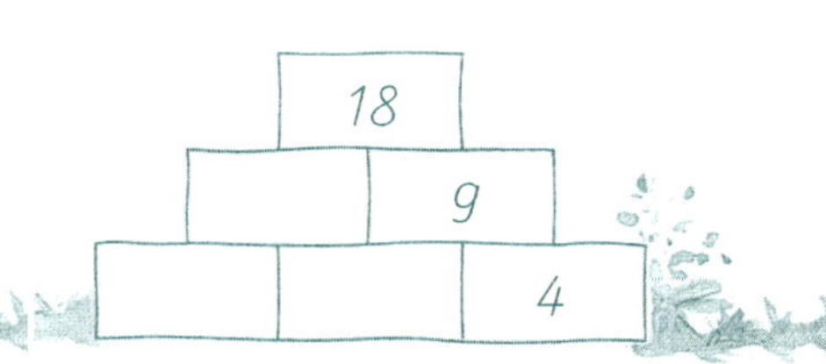

1, 2 Compléter les calculs. **3** Compléter et inventer en suivant les modèles.
4 Achever les murs de nombres.

Brocante pour enfants

1 Dans ton portemonnaie, tu as 

J'achète	Je donne

On me rend .... euros

J'achète	Je donne

On me rend .... euros

J'achète	Je donne

On me rend .... euros

J'achète	Je donne

On me rend .... euros

2 Dans ton portemonnaie, tu as   

J'achète	Je donne

On me rend .... euros

J'achète	Je donne

On me rend .... euros

J'achète	Je donne

On me rend .... euros

J'achète	Je donne

On me rend .... euros

1, 2 Imaginer des achats, payer, rendre la monnaie.
(se référer à l'illustration de la page 82 du manuel)

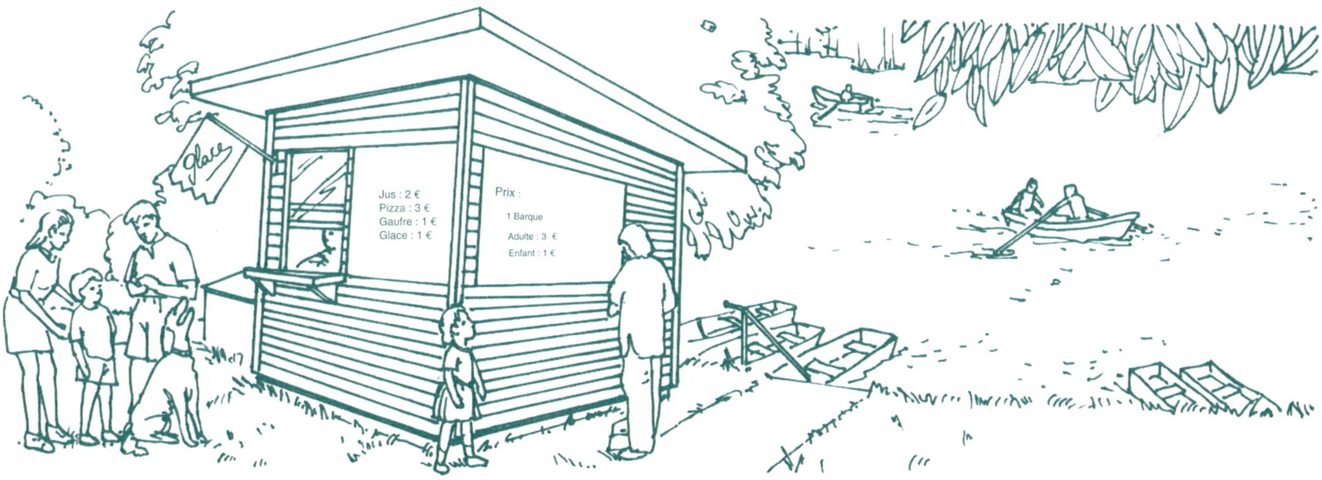

1 Monsieur Farnir doit payer :

2 jus .... €
1 glace .... €

En tout .... €

2 Marc et Nina doivent payer :

Barque, 2 enfants .... €
1 jus .... €

En tout .... €

3 La famille Meyer doit payer :

Barque, 2 adultes .... €
Barque, 2 enfants .... €

En tout .... €

4 Madame Leboutte doit payer :

2 pizzas .... €
3 glaces .... €

En tout .... €

5 Nicolas doit payer :

2 gaufres .... €
2 jus .... €

En tout .... €

6 Anne et Lise doivent payer :

Barque, 2 enfants .... €
2 glaces .... €

En tout .... €

1 Toujours 3 œufs

J	R	B

J Jaune

R Rouge

B Bleu

2 Toujours 4 œufs

J	R	B

1, 2 Rechercher toutes les combinaisons possibles à partir de 3 œufs et 4 œufs avec 3 couleurs.

1 La moitié

18 = +

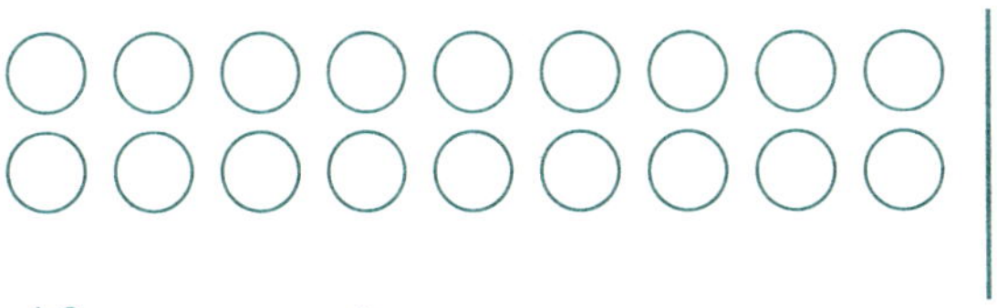

18 = +

14 = +

16 = +

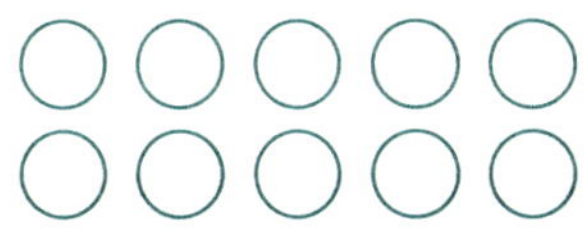

10 = +

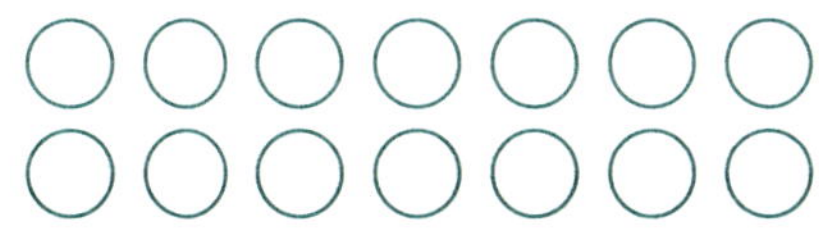

14 = +

2 Calcul

6 + 3 =

6 + 4 =

6 + 5 =

8 + 3 =

10 + 2 =

10 + 3 =

9 + 5 =

10 + 4 =

11 + 3 =

3 Calcul

7 + 3 =	6 + 4 =	4 + 5 =
7 + 5 =	6 + 6 =	4 + 7 =
7 + 7 =	6 + 8 =	4 + 9 =
7 + 9 =	6 + 10 =	4 + 11 =
7 + 11 =	6 + 12 =	4 + 13 =

1 Colorier la moitié et compléter les calculs. **2** Dessiner et compléter les calculs.
3 Compléter les additions (pairs/impairs).

1 Entoure

3 fois 4   4 fois 3   6 fois 2

2

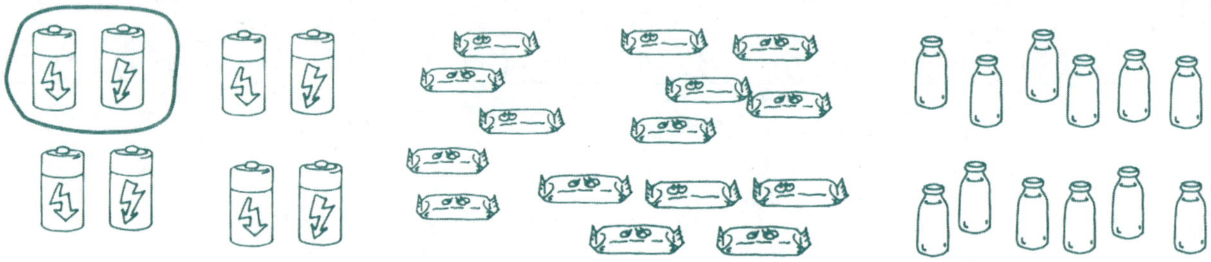

4 fois 2 = ...   3 fois 5 = ...   2 fois 6 = ...

3

.... fois 2 = ... fois 4 = ...

.... fois 5 = ... fois 10 = ...

4 Dessine

3 fois 2 = ...   2 fois 4 = ...   4 fois 3 = ...

5 2 fois 4 = ...   2 fois 5 = ...   2 fois 10 = ...

1 Entourer. 2, 3 Entourer les objets, les points et compléter les calculs.
4 Dessiner les groupements. 5 Compléter les calculs.

1

.... H

.... H

.... H

.... H

.... H

.... H

2

9 H .... H .... H .... H .... H

3

4 H 11 H 2 H 6 H 12 H

1 Compléter l'horloge et indiquer l'heure des activités.
2 Écrire l'heure. **3** Dessiner les aiguilles.

1

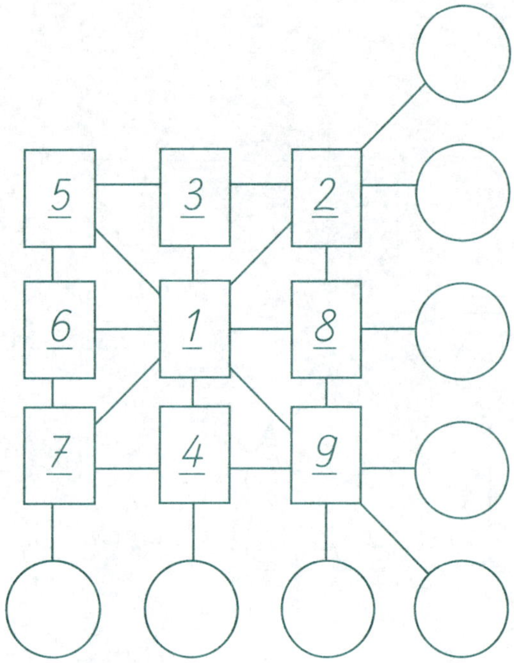

7 + 1 + 2 = ...

5 + 3 + 2 = ...

.... + ... + ... = ...

.... + ... + ... = ...

5 + 1 + 9 = ...

.... + ... + ... = ...

.... + ... + ... = ...

.... + ... + ... = ...

....

2

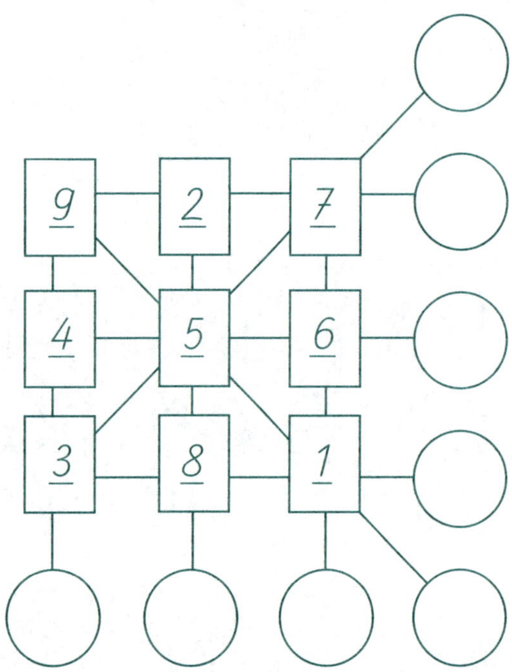

3 + ... + ... = ...

.... + ... + ... = ...

.... + ... + ... = ...

.... + ... + ... = ...

9 + ... + ... = ...

.... + ... + ... = ...

.... + ... + ... = ...

.... + ... + ... = ...

....

1, 2 Effectuer chaque fois les 8 totaux et compléter les carrés.

1

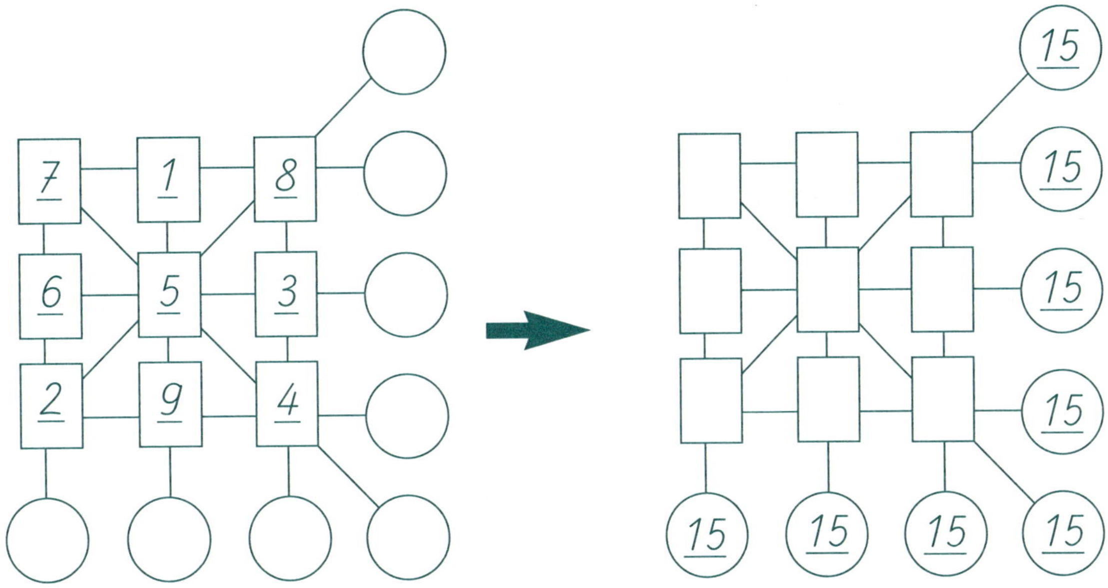

2

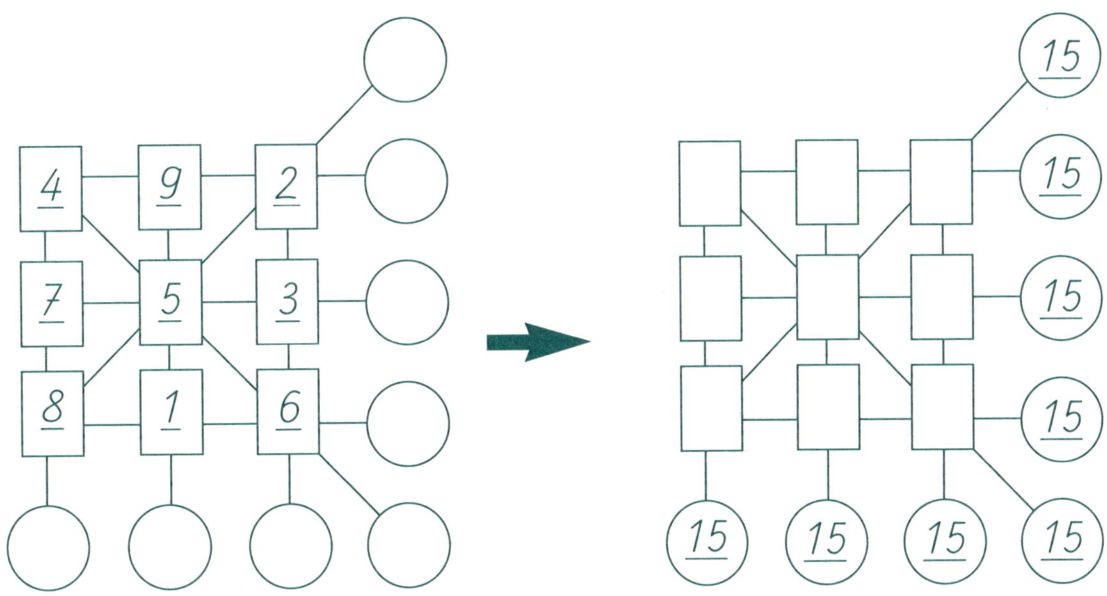

3

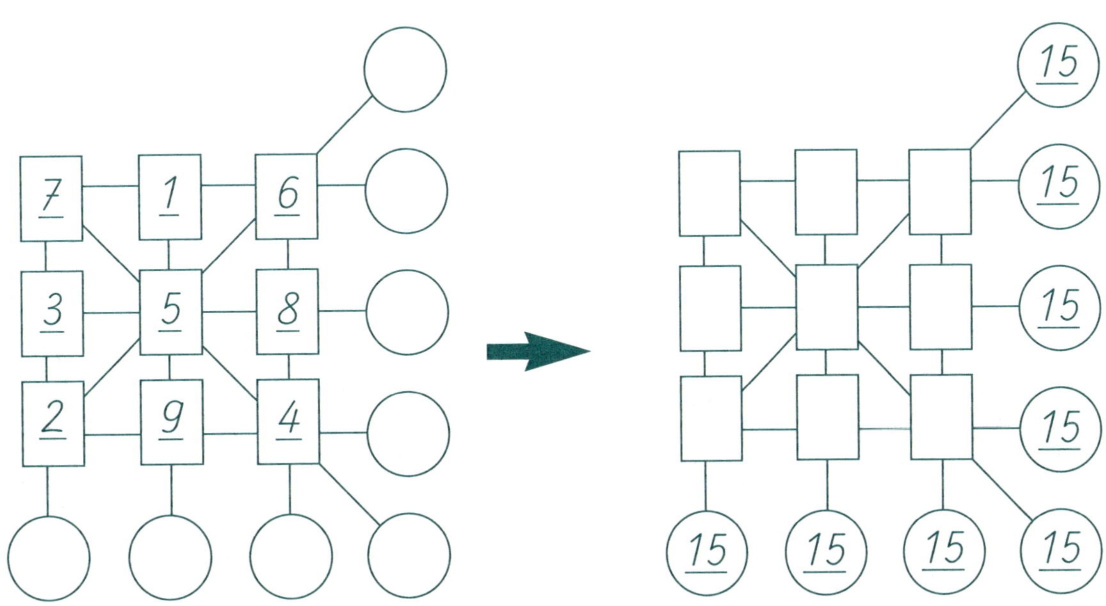

1, 2, 3 Colorie les cases qui donnent une somme de 15.
Permute les autres cases pour obtenir un carré magique.

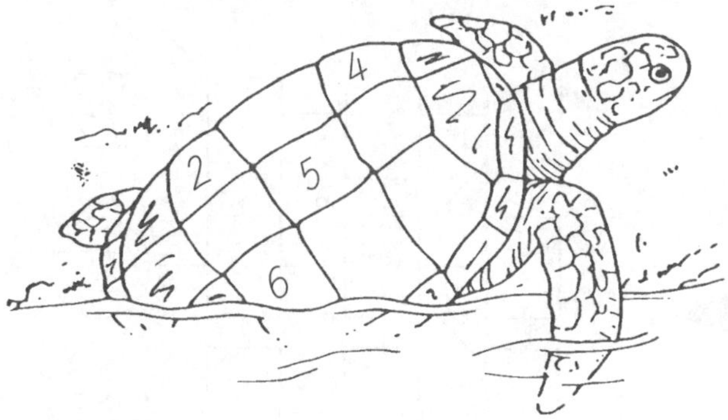

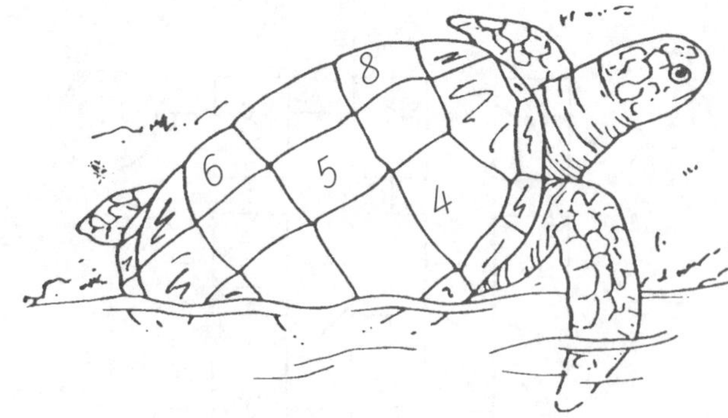

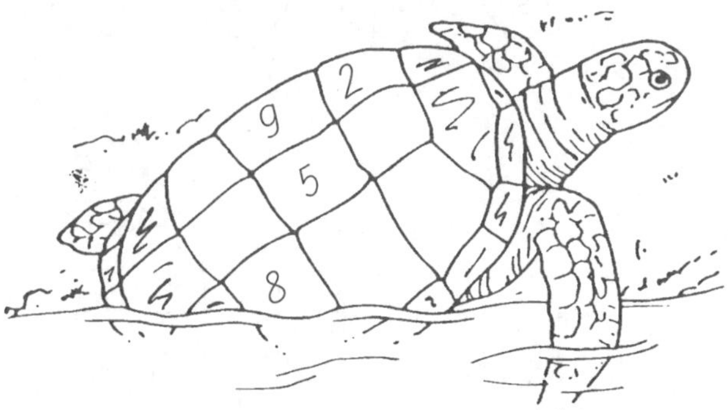

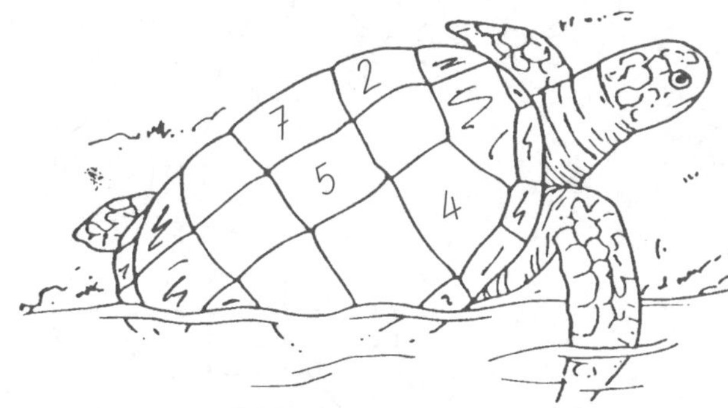

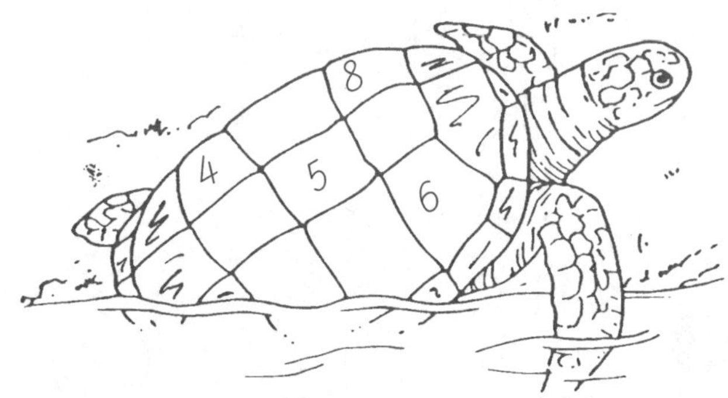

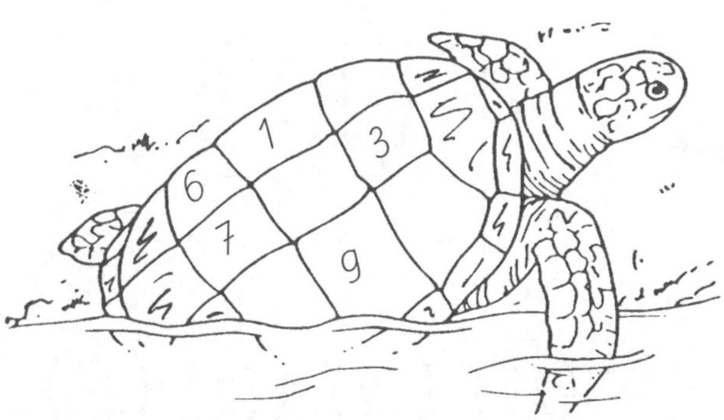

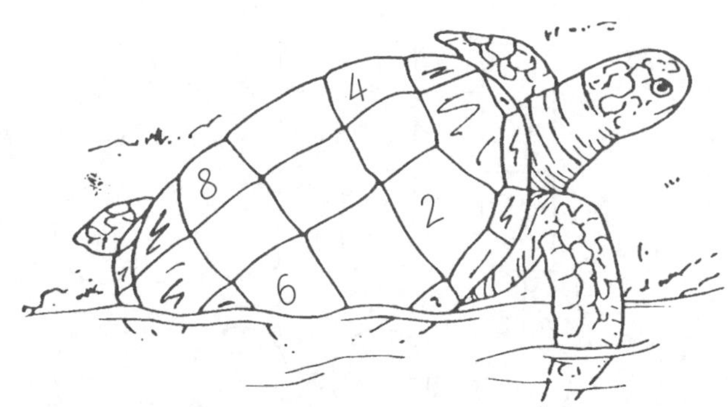

Compléter toutes les sommes du carré magique qui valent 15.

Deux tortues sont identiques. Lesquelles ? Retourne à la page 103 de ton livre pour identifier la tortue manquante.

1

-1, -2, -3, -2, -3, -2, -3, -2, -1, -2

21 → 20 → 18 → .... → 13 → .... → .... → .... → .... → .... → 0

-3, -2, -3, -1, -3, -2, -1, -2, -1, -2

21 → .... → .... → .... → .... → 9 → .... → .... → .... → .... → 1

2

– .... – .... – .... – .... – .... – .... – .... – .... – .... – ....

21 → 19 → 16 → 15 → 12 → 10 → 9 → 6 → 4 → 1 → 0

– .... – .... – .... – .... – .... – .... – .... – .... – .... – ....

21 → 20 → 17 → 14 → 13 → 11 → 8 → 7 → 5 → 2 → 1

3 Le jeu de Nim à l'envers

Chaque joueur choisit une couleur de jetons.

Chacun à son tour pose 1, 2 ou 3 jetons, pourvu que son adversaire n'ait pas posé le même nombre de jetons juste avant lui.

Celui qui pose le dernier jeton dans le triangle a perdu la partie.

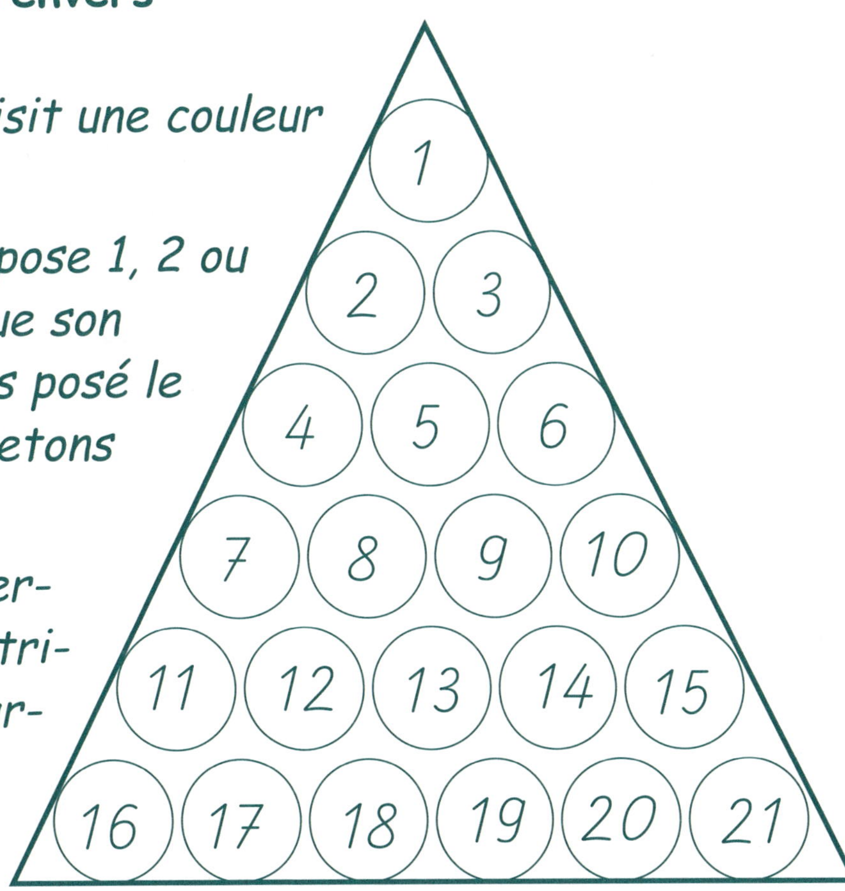

1, 2 Compléter pour comprendre le déroulement du jeu de Nim.
3 Variante au jeu de Nim : poser les jetons (additionner) au lieu de les retirer (soustraire).

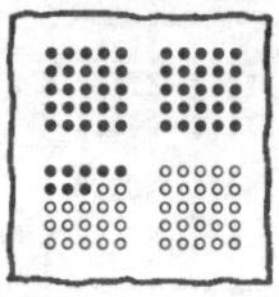

1

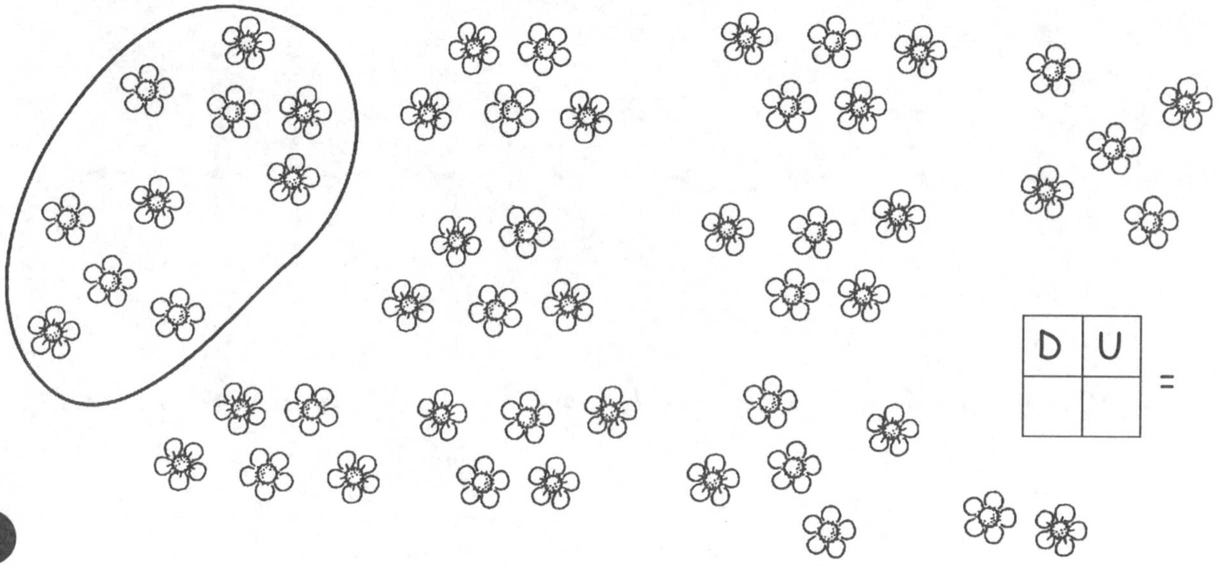

D	U

=

2

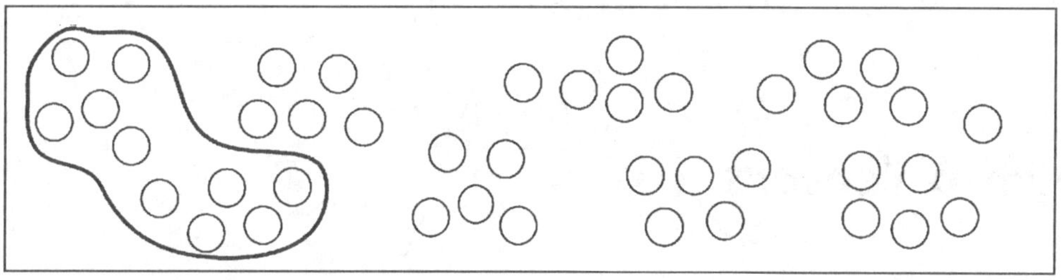

D	U

=

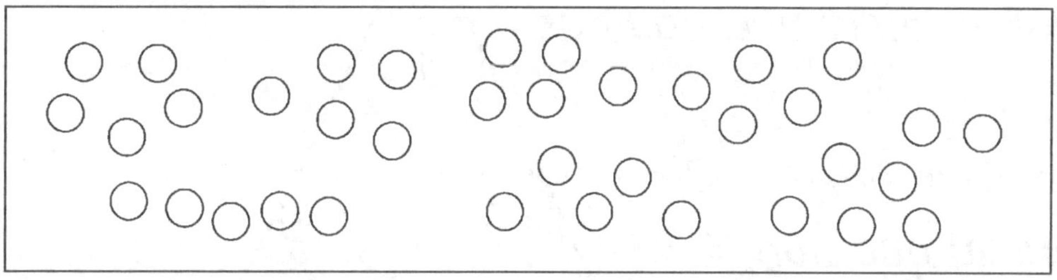

D	U

=

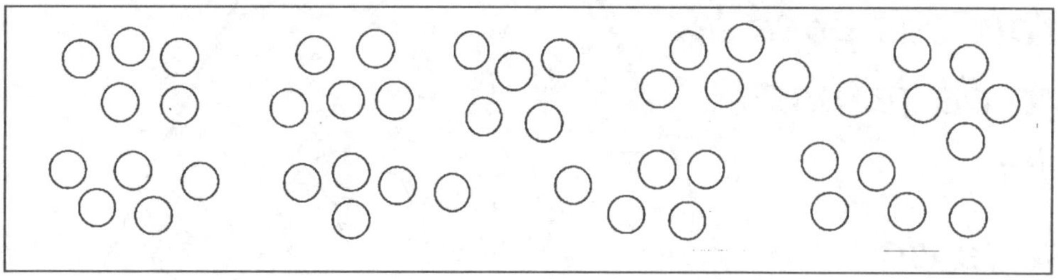

D	U

=

3

D	U
5	3

=

1, 2 Entourer les groupements de 10, écrire le résultat.
3 Dessiner des groupements d'objets correspondant au tableau donné.

1

1 dizaine	○ ○ ○ ○ ○	○ ○ ○ ○ ○	10
2 dizaines	○ ○ ○ ○ ○	○ ○ ○ ○ ○	....
dizaines	○ ○ ○ ○ ○	○ ○ ○ ○ ○	....
dizaines	○ ○ ○ ○ ○	○ ○ ○ ○ ○	....
dizaines	○ ○ ○ ○ ○	○ ○ ○ ○ ○	....
6 dizaines	○ ○ ○ ○ ○	○ ○ ○ ○ ○	....
dizaines	○ ○ ○ ○ ○	○ ○ ○ ○ ○	....
dizaines	○ ○ ○ ○ ○	○ ○ ○ ○ ○	....
dizaines	○ ○ ○ ○ ○	○ ○ ○ ○ ○	....
dizaines	○ ○ ○ ○ ○	○ ○ ○ ○ ○	100

2

10, 20, 30, ...

100, 90, ...

3

20 + 70 =	80 − 20 =	40 + 5 =
20 + 60 =	90 − 30 =	90 + 5 =
30 + 60 =	80 − 40 =	10 + 5 =
30 + 50 =	90 − 50 =	50 + 5 =
50 + 40 =	80 − 60 =	70 + 5 =

4

50 + 50 =	55 + 5 =	55 − 5 =
50 + 0 =	35 + 5 =	75 − 5 =
50 − 50 =	75 + 5 =	95 − 5 =
50 − 10 =	15 + 5 =	65 − 5 =
50 + 10 =	45 + 5 =	15 − 5 =

5 Thomas possède 30 images de joueurs de football, Stéphane en a 5 de plus.

1, 2 Continuer le comptage par dizaines. **3, 4** Effectuer les additions et les soustractions.
5 Se poser une question et résoudre le problème.

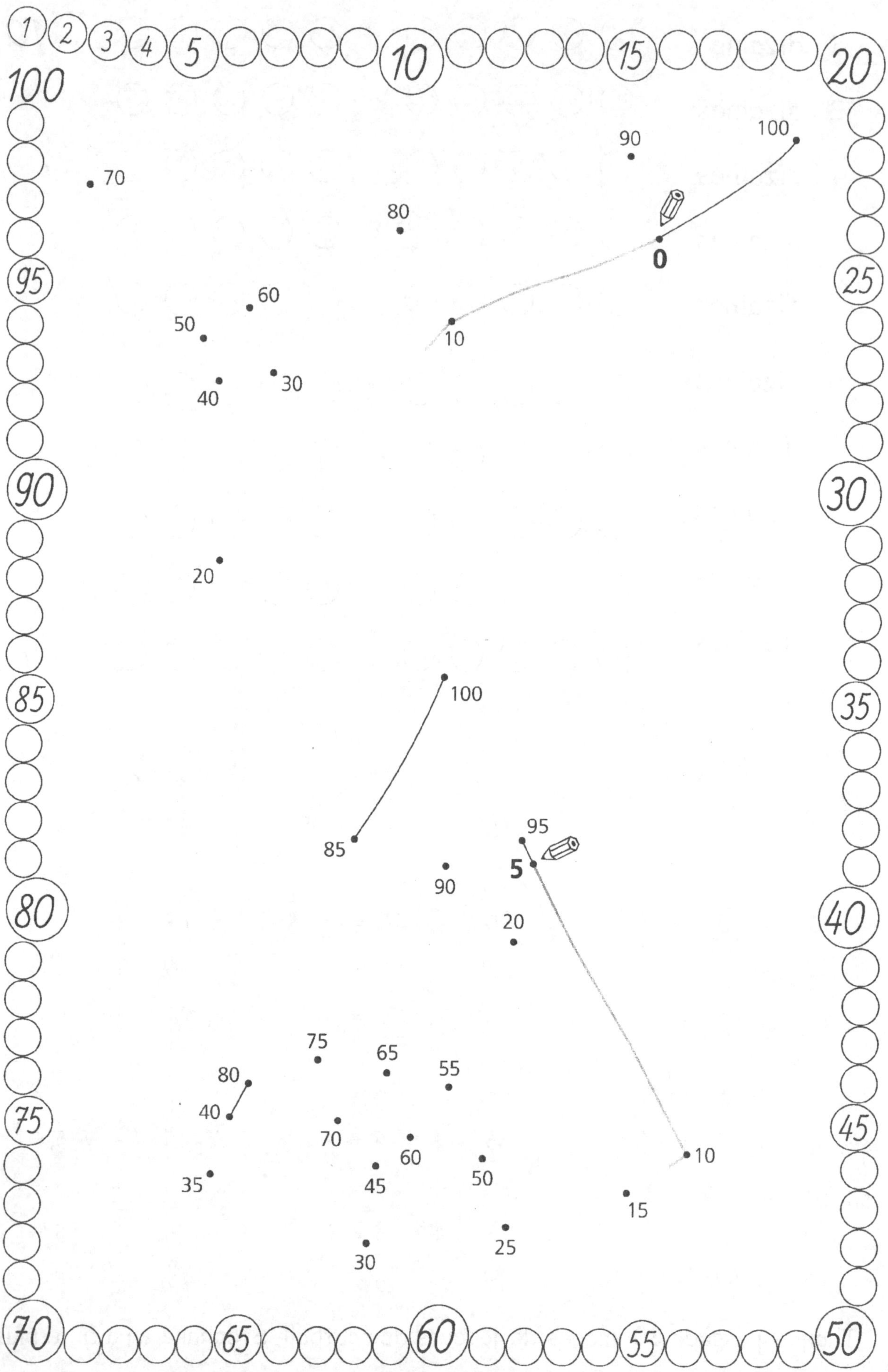

Compter par 10, par 5 et découvrir une image.
Compléter la rangée de 100 autour de la feuille.

1 Toujours 5 €. Cherche à partir du matériel. Combien de pièces ?

(5)	1
(2) (2) (50) (50)	

2

Anna achète	Elle donne
 80 cents	

On lui rend .... cents

Robert achète	Il donne
 70 cents	

On lui rend .... cents

Ali achète	Il donne
 90 cents	

On lui rend .... cents

3

	Prix	Je donne	On me rend
	8 €	20 €	
	15 €	20 €	
	20 €	50 €	
	25 €	50 €	

1 Plusieurs façons de payer 5 euros.
2, 3 Résoudre des problèmes d'achats avec la monnaie.

ISBN 2-87127-694-3
9 782871 276944